坐月子的方法

莊淑旂博士 指導
章惠如 著

廣和坐月子

目錄

序

第一篇　名人坐月子都找她

第二篇 接近生產前的準備

第三篇　坐月子篇

附錄

推薦序

摩登特效養胎與坐月法

莊壽美

◆「胎前的健康資本」需要大力的培養與投資

母親莊淑旂醫學博士用她特別而豐富的智慧，從小把我照顧得體強身壯，小小年紀十六歲起就當選職業選手，遊遍寶島的運動生涯，是奠定我「胎前」健康的大資本。

記得我年青力盛時，當時尚是非常保守的時代，而我已經是「國家級」，算是很臭屁的明星隊–群英女子排球隊的一員大將，彈力極佳，是極具威力的攻擊手，初、高中及大學時，學校的獎牌幾乎都是我的戰利品。猶清晰記得，我十八歲時，當時仍是國民政府的戒嚴時代，居然可坐上三天二夜的客貨船，遠渡重洋至香港長征，大夥都在暈船、嘔吐之際，唯獨我有著用不完的精力，非常興奮的在船上跑啊跳的，清晨去船頭迎接萬丈光芒的晨曦朝陽，讓我整天充滿著希望和活力，黃昏時，我躺仰在甲板上，欣賞著夕陽滿天的彩霞，慢慢的抖漏著我滿身的倦意。

深夜我又貪心的細數著滿天燦爛的星辰，讓思緒奔放在宇宙，天馬行空的描繪五彩繽紛的未來，澎渤的海浪沖擊著甲板和我滿懷萬丈的雄心，從十六歲起我帶著從小被保養得極好的身軀，馳聘在寶島各地，小小的職業選手，出自台北的小小女娃，又白又嫩且不可思異的，極具威力的「排球女攻擊手」，就這樣流竄江湖的做起職業選手，有錢又有閒且可玩樂天下的運動生涯，奠定我「胎前健康」的大資本。

◆養胎中愛情的滋潤對幼苗最珍貴，在愛中茁壯的胎兒最資優

二十一歲時，我如願的嫁給我夢中的白馬王子－章琦，他的純情與摯愛，感動了我少女的情懷，每天如醉如痴，詩情畫意的陶醉在浪漫的愛河中，我曾每天不斷地送小花給他；他也時常唱著醉人的情歌討好我，每天甜甜蜜蜜的過著只羨鴛鴦不羨仙的生活，不到二年，我們終於有了愛的幼苗，家人都歡欣鼓舞的雀躍著，時常我會快樂的吹起口哨，並騎著紅色的跑車（腳踏車），挺個大肚子到處兜風去（因為我太壯了，一般婦女千萬別如此喔！），一刻也閒不住，並且吱吱喳喳的到處告訴親朋好友說，我懷孕了！我懷孕了，而且是可愛的雙胞胎小公主呢！我們以歡天喜地的心情用愛、全神灌溉著小公主，她們受著愛情的滋潤，在胎中被照顧的無微不至。家母莊淑旂博士「特效的養胎秘方與坐月子法」的專業健康理論和實務，我幾乎一點也沒漏掉，例如該吃吻仔

魚、大骨熬湯等以助胎兒成長；又如，不該吃烤炸、鹹、辣及禁生冷飲食，以防生出過敏兒、氣喘兒……等，甚或不吃薏仁，以防流產……等，以及該做與不該做的事……等等，絲毫不敢馬虎，於是兩個雙胞胎小公主—惠如、敏如生下來就特別健康、乖巧、聰慧，讀書總是名列前茅，心算一~二級，頭腦非常靈光，無師自通的彈奏琵琶、吉他、電腦……創建了全世界獨一無二的體系—龐大而且完整的廣和坐月子王國，也讓我可以無憂無慮的前往世界各國安心的展覽、演講，甚至旅遊四方，想到我這聽話的孩子，戰戰競競地嚴格遵守這些「特效的養胎秘方與坐月法」，居然有這麼好的收獲，實在不得不佩服母親莊淑旂醫學博士的偉大！

之後，兩個雙胞公主長大了，也歷盡千辛的親身體驗了這套寶貴的理論，分別生了龍鳳雙胞胎與一龍雙鳳的三胞胎，而且個個都是標準體重，非常的健康，舉凡世界醫史中也是少之又少的！因此，除了感恩還是感恩，希望將此福報與心

得也能廣及回饋給所有準備懷孕，正需養胎的孕婦及正要坐月子的女性朋友，讓她們也能分享到這些寶貴的經驗與喜悅，希望親愛的準媽媽們，能和我們一樣嚴格遵守，並徹底的實踐，那麼妳們都會像我們一樣，會越生越美麗，越生越健康！在此深深的祝福大家！

廣和出版社　社長　莊壽美

寫於台北天母

作者序

感謝外婆，我的孩子好健康！

章惠如

我是章惠如，除了大家所知道的講師及作家身分之外，也是兩個乖巧女兒及一個善解人意兒子的媽咪，我非常感謝我的外婆莊淑旂博士，以及母親莊壽美老師，因為由她們所研究傳承下來一套獨特又有效的養胎及坐月子方法，不僅讓我生下很棒、很健康的孩子，更驚喜的是，當我真正完完全全依照這套方法來坐月子後，不僅體質得到了改善，困擾我許久的產後肥胖症竟然不再發生了！在這裡，我要再一次由衷地感謝阿媽及媽媽，並且非常高興地將我養胎及生產後坐月子的體驗分享給大家。

第一次懷孕是我三十四歲的時候，為了迎接這個新生命的到來，全家人不僅替我分擔大部分的工作，對於我的食衣住行更是呵護備至，當懷胎五個月醫生宣佈：「是個兒子」時，全家更是興奮得不得了，所有的祝福及關懷，讓我覺得自己簡直就是世界上最幸福的準媽媽！可惜好景不常，就在懷孕第七個月時，因為肚子隱隱作痛去看醫生，才知道孩子已經胎死腹中近一個禮拜了！

◆第一次懷孕的打擊

突然來的惡耗，讓我從最高、最快樂的境界，一下子跌到了最低、最悲哀的谷底，眼淚止不住的流下來，心情亦跌落到了谷底。我在先生的安排下住進醫院開始引產，痛了兩天卻只開了一指，而催生的疼痛加上心情的悲痛，使我瀕臨崩潰的邊緣。先生不忍看我如此痛苦，於是主動要求醫生開刀，終於在民國八十五年五月一日，剖腹結束我第一次的懷孕。

接下來的月子幾乎根本沒有做，大概只勉強喝了幾口阿媽要妹妹煮來的生化湯及養肝湯，莊老師仙杜康勉勉強強吃了一盒，莊老師婦寶也只吃了一盒

半，排氣後第二天就開始喝水，雖然深知阿媽坐月子的方法，心情低落的我根本也想不到這麼多了。結果是肚子沒有縮回來，體重不減反增，比懷孕前整整胖了九公斤！不僅如此，爾後以淚洗面、睡眠不足的結果使得眼睛極度疲勞、視野變窄，其他如頭痛、掉髮、手腳酸麻、腰酸背痛的毛病也全都出現了，沒想到除了喪子之痛，還要承受這種體膚上的折磨。

四個月後第二次懷孕，這次我非常謹慎，全程均戰戰兢兢，十六週即做羊膜穿刺，二十週以後，每天都注意胎動是否正常，並且平均兩週即做一次檢查，生活及飲食上也都遵從阿媽的指導：

一、每天補充天然鈣質（如大骨或魚頭熬湯），並至少吃一百公克的小魚干。

二、儘量遵守三：二：一的飲食原則，早上吃肉類、中午為魚、貝類、晚上吃蒸粥及少量的魚或雞肉（因雞肉較易消化），但每餐都須攝取蔬菜。

三、飯前及睡前做消除疲勞及脹氣的按摩（飯前休息）。
四、每天儘量散步三十分鐘（適度的運動）。
五、禁忌的食物絕不偷吃，比如：蝦子、螃蟹、蝦米、韭菜、豬肝、薏仁、生冷的（如生菜沙拉、生魚片、冰的飲料等）、刺激性的、煎的、油炸或烤焦的、太鹹或太辣的、辛香料及防腐劑含量太多的食物全部統統禁止。
六、每天定時服用「莊老師喜寶」（在當時還只是阿媽開給我的處方籤，需要自行調配、熬煮，一直到了民國八十九年，才成功的與生物科技技術結合，研發出了孕婦最方便有效的養胎聖品「莊老師喜寶」）。

◆養了胎卻沒做好月子

到了產前二個月開始安排坐月子事宜，因為婆婆堅持要親自幫我坐月子，於是我儘量與她溝通，希望能完全按照阿媽的方法來幫我做，她也欣然答應。

八十六年六月二十九日大女兒阡阡終於在大家的期盼下剖腹出世，出生時體重三千八百五十公克，而且非常健康可愛，到了此時，第一次胎死腹中的陰影才在我心中一掃而空。

排氣後，婆婆辛辛苦苦的為我準備餐點，打開後赫然發現有一尾七星鱸魚，麻油豬肝內還有好幾塊里肌肉及一個荷包蛋！趁婆婆上洗手間，趕快打電話問阿媽是否可以吃這些東西？結果阿媽還是堅持要等到第十五天才能吃！但是婆婆特地為我烹煮的食物，又親自走路將食物送來，甚至就坐在床前滿懷關愛地要看著我吃，我怎麼忍心拒絕！

於是，我在產後第二天就開始吃魚、肉及蛋，本打算至少堅持不喝水，無奈婆婆特地遠赴北港選用當地的黑麻油（她說是最好的），薑又沒有完全爆透（只是稍微爆香一下），米酒又特地回雲林娘家搬回私釀的米酒（她說比較純），酒精成分也沒有完全揮發乾淨（她說揮發掉酒精，沒有了酒味就沒效果了），我忍耐了五天，到了第六天因為實在全身上火、口乾舌燥，所以就開始喝水，而且因為正值炎炎夏日，實在燥熱的受不了，便偷喝了冷開水，最後甚至偷喝冰涼的飲料！

而在吃東西方面，因為婆婆煮得好吃加上心情也非常愉快，所以胃口大開，幾乎從產後第一週起就大補特補，結果肚子變成了水桶肚，吃進去過多的養份又代謝不出來，體重直線上升，竟然又增加了十二公斤！

◆真棒！我和寶寶都健康

到我第三次懷孕時，體重已高達九十公斤！更令人擔心的是，醫生告訴我這回懷的是雙胞胎！當時我心裡想著：等到這次生完，體重豈不是要破百了嗎？但是為了小孩，我仍然全程小心翼翼的養胎，到了懷孕中期血壓開始升

高，血糖也超過正常指數而罹患了妊娠糖尿病，而全身水腫更令我呼吸困難又無法行動，過重的體重令我站也不能站，躺又不能躺，睡覺時每隔半小時必會痛醒（因側躺時肚子太重壓迫到骨盆而痛麻），每每在夜深人靜時獨自望著窗外夜空偷偷地流淚。

好在阿媽教我用綠豆水控制血糖，又吩咐先生煮黃耆水及紅豆湯給我來消除水腫，至於高血壓，則控制飲食及用白蘿蔔榨汁燉豬大、小腸利尿及利便來降壓，如此勉強捱到了第三十五週，醫生認為再撐下去可能會有危險，於是決定在八十七年六月十四日剖腹生產，而當時我的體重已高達一百一十六公斤了！

很令人安慰的是我生了對龍鳳胎，兒子出生時體重四千三百公克，女兒三千公克，兩人均活潑健康，完全沒有早產的跡象。事後回想起來，這都要感謝阿媽給我正確的養胎方法，使我獲得健康寶寶。

這次我決定一定要回娘家坐月子，而且委請「廣和月子餐外送服務」的專業料理師為我全程調理食補，因為方法都用對，所以這次我真的整個月子沒有喝到一滴水，吃的東西也完全按照莊博士坐月子的方法以階段性的方式來進補，絕對不去偷吃或偷喝其他任何東西，雖然一樣在夏天坐月子，可是因為吃對方法，所以也沒有任何上火的現象！

至於腹帶，這次我也真的綁了整個月子，因為體重較重，所以莊老師仙杜康整整吃了十盒，莊老師婦寶也吃了六盒。

奇蹟發生了，當我真正好好地用這套方法做完月子後，我的體重竟然減輕了三十九公斤，生產前為一百一十六公斤，坐完月子已恢復到七十七公斤，也就是說，這次我不但沒有因為生產而增加體重，反而比第三次懷孕前的九十公斤更減了十三公斤！雖然我還有七、八公斤沒有瘦下來，但是我之前所產生的

頭痛、腰痛等症狀，已經完全改善，眼睛疼痛及視野窄的現象雖然尚未完全恢復，但也已經大大的改善了。第三次懷孕被壓傷的骨盆，現在也完全恢復，並且體力大增，不再像以前，動不動就感到疲累。

現在，我三個可愛的孩子都已經上小學了，而在他們成長的這段期間，我與先生賴駿杰也攜手積極從事婦女養胎及坐月子服務的工作，就因為我們親身經歷過正確與錯誤的坐月子方法，所以我們希望能夠幫助所有的婦女朋友們，都能抓住坐月子改變體質的好機會，越生越健康、越生越美麗！

名醫推薦序

遵循老祖宗的智慧

知名中醫 張順晶

我國現存最早的婦科方藥資料，出自醫聖張仲景的傷寒雜病論—婦人產後病脈證并治篇，張仲景在篇中提及，新產婦人有三病：一者病痙，二者病鬱冒，三者大便難；這三種病，第一是產後月內風，第二是產後血暈，第三是腸液枯燥所致的便秘。

考其所以致病之故，莫不由於新產血虛，津液枯燥所致，所以如何在產後調氣補血，使產婦及早恢復健康，就成為歷代以來，我國產婦坐月子期間，非常重視的一個課題。

這本坐月子的方法裡頭，有許多莊淑旂博士諄諄告誡產婦的，比如說：產後及早喝生化湯，可以協助產婦活血化瘀，將體內的髒東西全部排出；

產婦最好能親自哺育嬰兒母奶，若奶量不足或過於清淡者，可於產後第三週起補充花生豬腳；

限於條件，無法親自哺育嬰兒母奶的產婦，勿施打退奶針，可用生麥芽煮汁退奶；

產後子宮內有瘀血不消，以致經常腹痛者，當服用以山楂肉為主藥的寫母痛液；

這些都是傳統醫學裡常用而行之有效的方法。

當然，也有許多莊淑旂博士得自數代家傳，行之有獨特功效的坐月子方法，坦白說，有很多連中醫師也未必明瞭，比如說：

坐月子期間，不能喝一般的水，所有食補料理的湯頭，包含烹煮飲料的水分，均須以「米酒的精華露」或「廣和坐月子水」來製作…等，均係一般坊間所不完全瞭解者。

由於，實踐可以檢驗真理，從本書上所舉數個依莊博士所主張的方法坐月子的實例，可以知道有辦法讓產婦在產後，比懷孕前更加健康、苗條；對於許多為了怕生產使身材走樣，或是為了猶豫健康不佳而致不敢懷孕的女性，應該是莫大的福音。

今逢本書增定改版，特綴數語，是為序。

中醫師　張順晶

廣和
坐月子料理外送服務
全省客服專線：0800-666-620 http://www.cowa-mother-care.com.tw
莊老師
喜寶
莊老師
仙杜康 粉末食品
莊老師
婦宝 粉末食品
坐月子水

現代醫學的觀點看坐月子

鄭福山

坐月子是中國民間特有的傳統習俗，有許多口耳相傳的諸多禁忌，至今仍未能以科學方式予以證明，但目前相當多數的「現代婦女」仍抱持寧可信其有的態度，在可以接受的範圍下，消極的、或不排斥的遵守它或是接受長輩們「愛心與善意」的安排！

以現代醫學的觀點來看，坐月子的目的，是指生產完後，藉充分的休養，以恢復懷胎及產經中所消耗的大量體能。中醫的觀念則是希望藉此「調節」體質，以達到產婦更健康的目的。

莊淑旂博士以中醫學理論為基礎，研發出一套「坐月子的方法」，其外孫女章惠如與許多產婦遵守其法，有親身美好的經驗與結果是件可喜並值得重視之事。

廣和集團更特別成立月子餐料理外送單元，以完全傳承自莊淑旂博士坐月子的方法，提供產婦坐月子膳食及免費的產前養胎及產後坐月子的健康諮詢，使職業婦女或小家庭的產婦很輕鬆方便的在家即能做好月子。

更希望由於「廣和集團」的熱心服務，使這套優良有效的傳統習俗，很快的傳揚開來，對社會上廣大的產婦健康有所幫助！

鄭福山婦產科　院　長　鄭福山

第一篇　名人坐月子都找她

蔣孝嚴的千金　蕙蘭　產後訪談

第一眼見到蔣孝嚴的長女─蕙蘭，你絕對看不出來她才剛生完兒子沒多久！一踏進她的公司，見到一位氣質美女過來招待我們，原以為她是辦公室的年輕美眉呢，沒想到她竟是蕙蘭本人！才剛剖腹生完小孩一個半月，她紅潤的氣色、纖細的身材，令人十分好奇她是怎麼辦到的？

蕙蘭溫婉的笑著說，因為我請「廣和坐月子料理外送」幫我坐月子！其實出身政治家族，在父親薰陶下處事卻非常低調的蕙蘭，能受到她這樣推崇是不容易的！她接著說：「在預定剖腹產的前兩天，因為朋友的大力推薦，我決定吃廣和坐月子料理外送餐。生產第一天，他們就把月子餐送到醫院來給我吃，我覺得非常好吃而且又很清淡，像是藥膳粥、紅豆湯、養肝湯等等，我都很愛吃，重要的是他們是針對我的狀況來特別調理，這樣的專業料理讓我吃得很安心，而且不用麻煩到婆婆及媽媽，真的非常方便！」

此外，他們還讓我搭配「莊老師仙杜康」、「莊老師婦寶」，我原本手腳容易冰冷、胃不好的體質，經過整整40天的剖腹產月子調理之後，現在竟然已經完全改善了！而且也沒有一般女人生完後腰痠的問題，這些都是我意想不到的收穫。還有「莊老師腹帶」，雖然有點麻煩啦，可是我的肚子和臀部都復原的非常快，我現在穿的褲子就是懷孕前穿的褲子！

另外，廣和的專業調理師教我一個在懷孕期間用酒精洗頭的方法，真的非常棒！就是將75%的酒精隔水溫熱後，手指纏紗布沾濕酒精，在頭皮及頭髮上搓揉按摩，清潔頭髮的效果真的非常棒，而且溫溫的不刺激，讓我在坐月子期間也能保持頭部乾爽。

我覺得「廣和坐月子料理外送」不止是非常方便，更重要的是養成了我正

確的保養觀念，包括他們教我產後恢復正常生理期之後如何正確的保養，因此廣和就像我的好朋友，隨時在我耳邊提醒我該如何寶貝自己，這對忙碌於工作及帶小孩的我來說真的非常重要！

「含飴弄孫」是我爸爸、媽媽現在最大的樂趣，他們好疼我兒子喔！此外，爸爸、媽媽和老公對於廣和給我的專業、貼心服務都讚不絕口，所以我下次再懷孕，一開始就會找廣和幫我從養胎做起，一直到坐月子。有這樣的貼心專家幫助我，我相信我會越生越健康（還有越生越美麗喔，小編誠心補充）！

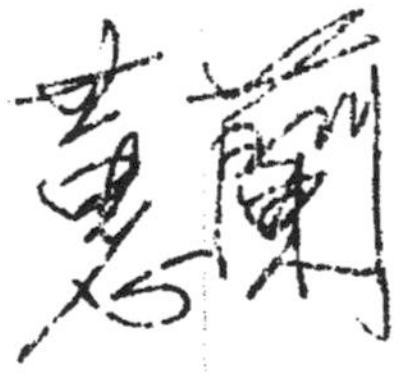

市議員何淑萍 產後訪談

大家好，我是基隆市議員何淑萍。回顧我二個寶寶的產後坐月子經驗，在第一胎的時候，因為總統大選的關係，生產前一到二週，還每天從事輔選的基層工作，甚至連到了生產前一天，都還沒有做好當媽媽的準備，可以說，真的是當了媽媽之後才開始學當媽媽！到了生第二胎前，就提早做了準備，經過考慮，決定將坐月子的飲食交給「廣和」代為料理。

第二胎的坐月子期間，我的體力恢復得很好，產後第二天，陸續有人來探望我時，都還覺得我中氣十足，比起生第一胎時，感覺腰部也比較不酸。一般來說，剖腹產要做滿四十天的月子，但因公職在身的關係，一滿三十天，我就開始跑里民大會，也都能夠適應。

雖然第二胎是剖腹生產，可能是因為坐月子飲食調理得當，後續並沒有服

用止痛藥，連醫護人員都關切的問我：「你現在是產婦，不是市議員，感覺痛的話不需要忍耐，還是要服止痛藥哦！」

第二胎坐月子期間，我能有時間好好的照顧我的寶寶，讓我非常高興，也感謝廣和能提供我這麼好的服務！

三立新聞主播敖國珠　產後訪談

身為現代婦女，結婚第六年生下翔翔，由老媽照顧我坐月子，讓我兼顧了家庭和事業，開始了假日媽媽的生涯，所以第二胎的懷孕對我來說，是一件期待而完美的事，雖然辛苦出入主播工作，卻讓我甘之如飴，懷胎37週就立下要生元旦寶寶的心願，在新的年度預約甜蜜幸福四人行；果然就在十二月中剖腹產下3000公克的女娃，先果後花，成了現代好媽媽的行列……

我是一個生活實踐者，健康、美麗是我的最愛，在懷孕37週以前，因為平日注意有加的關係只讓體重增加了12公斤，基於第一胎的坐月子心得，讓自己體會到審慎選擇坐月子方式的重要性，透過多方諮詢同事及專家經驗，深知「坐月子是女人一生的大事」，不能輕忽，於是深信不疑地將坐月子大任交由

專業的「廣和坐月子料理外送」來服務，由於產前養肝湯和莊老師喜寶的調理，雖然提前剖腹生產，但胎兒相當健康，這是我們家人所矚目的新力軍——生氣十足，活力充沛，正是「追求健康，創造美麗」的廣和，給了我們一家人最好的回饋。尤其是聽到另一項「莊老師幼兒寶」的研發成功，讓天下的寶貝都可以享受這份珍品，如此的訊息，讓所有的媽媽都可以安心，正是多變不穩的環境中，打了一帖定心劑，除了感謝以外，還是由衷的感激，相信這是天下父母所樂於知道的好消息！

　　生產後的第一時間內，專業調理師耐心地教我滴水不沾，加上綁腹帶，一直到坐月子35天後，讓內臟及子宮得到完全上托，可以充分領悟到零負擔的好處；專業的廣和在月子餐中給了我最難忘的是油飯、糯米粥&紫米粥，不是一般坊間的品味可比擬，此外，坐月子餐點真是份量十足，由於本身從來就不偏食，只有胃口有限，家人所能品嘗到的就只有薏仁飯&紅豆湯而已，其它的「麻油豬肝、腰花、雞」「烏仔魚」或「黃花魚」都是我的最好食補，加上「莊老師婦寶」、「仙杜康」、「廣和坐月子水」等的使用，一出院就迅速掉了6公斤，坐完月子又下降了4公斤，月子期間和第一胎是顯然不同的精神狀況良好，白天上午沒有昏睡的困擾，午後稍息片刻，就神采奕奕，尤其「廣和坐月子水」的活血作用，在食用「廣和」餐點20-30分鐘後，就會開始冒汗，半夜還有踢被子的現象，真是好一個暖冬！

坐完月子後，徹底改變了我怕冷的體質，這更加證實了莊淑旂博士理論的正確性，加上讓專業的廣和來服務，才會有如此的成果，這是公司同仁有目共睹的；銷假上班的一刻，大家無不投以驚嘆的讚賞，讓自己在有意或無意埋下的伏筆中，對自己信心逐步恢復，讓生活或工作進展更加順利，這當然都要歸功於「廣和」，確信「越生越健康，越生越美麗」絕非神話，相信我周遭的親

朋好友，就會成了最大的受益者，如此曼妙經驗和大家一起分享。

三立新聞主播李天怡 產後訪談

從知道懷孕的消息開始，我就非常注意所有跟懷孕、生產相關的資訊。在新聞傳播界朋友的介紹下，我知道了「廣和」在養胎及坐月子的領域，有著很好的口碑及信譽。在多方的考慮下，便決定把坐月子的事交給「廣和」來做服務，老公及家人也都支持這個決定，大家都希望我能藉由這次的坐月子，把身體給調養好。

在整個孕期我大約重了19公斤左右，以標準來看算是過重了，原本有點擔心會瘦不回來，但坐完月子我已輕輕鬆鬆的瘦了16公斤，我知道我的擔心是多餘的；而寶寶出生時有3,712公克，可算是發育的很好；當然，這跟均衡飲食和產前選用營養品補充鈣質有絕大的幫助有關。

為了把月子做好，我可是謹守除了「廣和」的坐月子餐點外，絕不偷吃偷喝其他的任何東西；而且也做到了坐月子期間都不洗頭，雖然坐月子期間生活習慣上的改變會帶來不便，但看到做完坐月子換來健康和窈窕的成果，我覺得這一切是值得的。當然，這套坐月子餐並不難吃，只不過吃到最後實在會膩，但我知道為了自己的健康，一定要堅持下去，乖乖吃完才能看出效果。在所有餐點中，由「廣和坐月子水」料理出來的「紅豆湯」和「糯米粥」是我覺得最好吃的東西；同時，我也在先生的建議下，選擇一些保健食品，像是「婦寶」或「仙杜康」來調養身體。

現在我做完月子了，朋友、同事看到我都說：我氣色變好了，人也精神了！而且回復的速度好快，完全看不出生過小孩的樣子。而我自己的感覺是：身體比較不怕冷了，體力也比較好了，有了健康可以做更多自己想做的事。

三立新聞主播周慧婷 產後訪談

從懷胎九月到產下健康的小寶寶，周慧婷歷經了生命中的一段奇妙之旅；對於初次懷孕生產的過程，周慧婷也從緊張不安到現在的完全投入和享受這種感覺，她認為這樣的經歷實在比她播報任何重要新聞都更讓她難忘。

採訪當天，周慧婷將寶寶懷抱著，當她一開口說話，寶寶就很有默契的大哭起來，周慧婷笑著說：『他可能覺得我太吵了，最近我跟朋友聊天，一開口講話他就哭……』，雖然周慧婷開玩笑的說著『你又餓啦！』、『你好會哭喔！』，但是那份母親對寶寶的關愛溢於言表。

周慧婷表示，當初懷孕期間讓她十分慌張，一點也沒有孕育小寶寶的喜悅，因為平常工作相當忙碌，突然來臨的小生命，讓她生活重心全部必須重新調整；有經驗的同事們都非常好心的提供一些養胎的經驗，有人告訴她應該每天跟胎兒說說話，讓胎兒熟悉媽媽的聲音。周慧婷有一天開車心血來潮照著作，馬上又覺得自己的行為很好笑，『那就像是你走在路上用免持聽筒講電話，別人會覺得你很怪異的那種感覺……』周慧婷說。但是縱然如此，周慧婷卻又忍不住每天跟腹中的寶寶作『日報』，因為感覺確實跟寶寶更親密，心情也較為安定。

周慧婷在懷孕期間還是持續做運動，運動除了是一種習慣，她也認為可以不在懷孕期間胖太多；『懷孕會讓人搞不清楚身材走樣是胎兒成長還是胖，但是維持一定的適當運動是可以確定精神飽滿、促進新陳代謝的』周慧婷如是說。

至於產後坐月子，周慧婷發現，中西觀念實在有很大差別。她所認識的外國朋友，生完孩子就下床、出院、喝冰水、甚至開始跑步、做運動，中國人卻

講求產後調養，不能喝水、不能洗澡洗頭、要在床上平躺一整個月，兩種截然不同的理論，讓她有點無所適從。後來她翻閱了幾本莊淑旂博士的相關書籍，認為許多『老祖宗』的理論，是可以和醫學觀點相容並序的，為了產後能調養出比產前更健康的身體，周慧婷也樂於配合。於是出院之後，她就住進了坐月子中心，並選擇了『廣和坐月子料理』的外送服務，如此一來，小baby有醫護人員照顧，做媽媽的又能在專業調理師的輔導下，專心調養身體。

周慧婷表示，既住在坐月子中心又訂購坐月子料理外送是一件很花錢的事，如果親人可以幫忙照顧的話，她還是建議自己在家　坐月子。『將小寶寶託付給可以信任的親人，然後選擇一家有口碑、真正有效果的坐月子料理外送，其實可以既省錢又不用擔心太多，尤其生第一胎，什麼經驗都沒有，不妨一切都交給專業，可以減少很多麻煩！』周慧婷說。

周慧婷坐完月子重返主播台，所有人都覺得她較以往顯得更為亮麗有光彩，而且充滿精神，周慧婷也不吝於提供自己的經驗與眾人分享，儼然做個新手媽媽就讓她成了孕產婦問題專家。『當然不敢這麼說！』她表示：『我在懷孕生產的過程當中得到許多正確的訊息，飲食生活都被照顧的好好的，我算是一個非常幸運的媽媽，所以我當然樂意將這一切與大家分享，讓所有的孕婦都能和我一樣，做一個健康快樂的媽咪。』

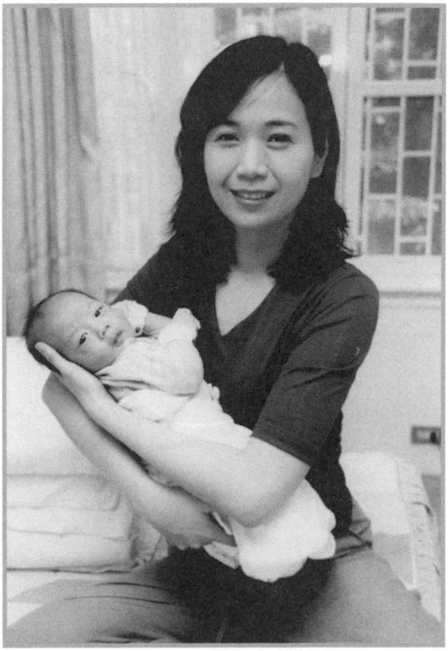

東森新聞主播盧秀芳　產後訪談

第一胎坐月子經由友人慧婷推薦找「廣和坐月子料理外送服務」，產後3－4個月即恢復了亮麗的光彩，最方便的地方就是無需到市場採購，不用下廚煮食；而且不必麻煩婆婆媽媽，真是一舉數得！經由如此專業人士來代勞處理飲食問題，當然身心都健康，自然恢復地又快又好，所以第二胎一開始，從不作第二人想，直接就向廣和訂餐，專屬的調理師細心了解我的狀況，開始養胎工作——

喜寶和養肝湯的服用，補足了我流失與不足的鈣質，是最方便，最有效的天然養胎聖品；其它像蓮藕、白蘿蔔、紅蘿蔔、白菜、黃瓜、海帶、貝類、魚類、小魚乾、大骨、排骨、鮮奶、蔬菜、雞胗、糙米等食物都是我的最愛，還遵守3:2:1 的飲食原則，且以蒸煮燙炒等方式料理，並以單一味飲食為選擇，整個懷孕過程，沒有了第一胎的緊張，加上廣和專業貼心的叮嚀，輕輕鬆鬆就做好了養胎的功課，並且順利產下了3100公克的弟弟。

產後，將小寶貝交給印傭照顧，我自己就專心執行坐月子的功課，廣和送餐人員不辭勞苦，早早就送餐點到家中，我原本口味就很清淡，所以對於不加鹽和味精的坐月子餐就是一種享受，份量是充足而過量的，和老公一起共享，一人吃兩人補，渡過了快樂的坐月子時光！我非常喜歡吃麻油腰花，坐月子飲料更是迷人好喝，油飯在五臟廟內就沒有立足的位置了，真是可惜！對於洗頭問題，總在忍無可忍狀況下，以速戰速決的方式，以解心頭的重擔；至於綁腹帶真的很累人，但坐月子期間完全遵守，如果可以使用魔鬼沾，那就更完美了；坐完月子足足瘦了10公斤，相信「愈生愈美麗，愈生愈健康」絕非神話，銷假回主播台時，大門的保全伯伯還問我：小姐請問那裡找！真差這麼多嗎？

居然都不認識我了！而身旁的同事更投以訝異的神情⋯如此曼妙身材和絕佳氣色，讓我由衷的感謝廣和。

坐月子期間服用莊老師婦寶、仙杜康，加以廣和貼心的提醒：多躺床上休息，勿抱小孩，所以腰酸背疼變好了，以前手腳冰冷的問題也解決了！讓人身輕氣爽，皮膚保持得更好，沒有上妝也十分自在，家人對於如此的成果都很滿意，所以我也很樂意將自己的收獲和大家一起分享，並期許天下所有的準媽媽，都能生出健康，生出美麗！

民視新聞主播姚宜萱 產後訪談

一般人都有坐月子的觀念，但要如何正確的把月子坐好，卻沒多少人能知道而且徹底的做好。在朋友的介紹下，在懷孕末期我接觸到了「廣和」，了解到他們是依循「莊淑旂博士」的坐月子理論，來提供產婦專業的坐月子服務。最後，我會選擇「廣和」來幫我坐月子，是因為他們的口碑好，新聞界又已經有多位知名主播讓他們坐完月子，成果都令人刮目相看。在多方考慮之下，便把坐月子的事委託給「廣和」。

整個懷孕過程我重了十四公斤，寶寶體重3,800公克，一切都還算正常。但值得一提的是：在產後一週我已恢復了懷孕前的體重，我想應該是坐月子餐點調養的功效；而且以前常有手腳冰冷的現象，也獲得了明顯的改善；還有，產後回醫院覆檢時，醫生還說：很少看到產婦像我惡露排的這麼乾淨，表示我身

體恢復的情況非常好；再次證明了把月子坐好的功效。

坐完月子後回到工作職場，同事們都說：我皮膚、氣色顯得比以前要好，而且身材竟然看起來比懷孕前還要好，一點都不像剛生完小孩的產婦，無不感到訝異！而我更興奮的想要把這麼好的產品介紹給我週遭的朋友，好讓更多的婦女朋友一起受惠。

在整個坐月子期間，我一切都依照「廣和」專業的指導來進行，除了坐月子餐點、仙杜康和婦寶外，完全不偷吃、不偷喝其他的東西；雖然餐點真的沒什麼味道，而且每週菜色的變化也不大，吃到最後會有一點膩，但為了自己下半輩子的健康，我還是堅持把它們吃下去。另外，廣和調理師也一再的叮嚀：每天要綁莊老師獨創的腹帶來恢復身材，雖然一天要綁個好幾次，需要一點毅力來堅持；但坐完月子後，看到這樣的成績，我肯定了「廣和」在坐月子專業上的堅持，也相信「廣和」可以幫助我「越生越健康！越生越美麗！」。

知名新聞主播吳中純　產後訪談

懷孕十個月，由原來的四十七公斤一路往上加，一直沒有停止，在產前體重一共增加了十八公斤，達到了六十五公斤，不要說走路了，胖的連播報新聞都會喘！看了這麼多產後成功減重的例子，說真的，我對自己還真沒信心，我不相信十八公斤的肥肉會有這麼容易甩掉。

生產後，從排氣後可以進食，我就開始服用『廣和』坐月子料理，說服用，是因為我覺得吃那些食補，像在強迫我吃藥，但想想可以恢復身材，就算是服用，我也心甘情願將它吃下去。除了食補，還配合三餐吃仙杜康、婦寶來調養身體。

在住院期間，同事來探望我，都很驚訝的稱讚我看起來氣色很好，一點都不像剛生產完的產婦，有了這樣的讚美，坐月子的那個月，吃廣和坐月子料理，我更有信心了！另外要提及的是，一定要綁莊老師獨創的腹帶來恢復身材，效果更可事半功倍。

我女兒現在六個月大了，我的體重雖然還沒有到達自己的要求，卻也瘦了十五公斤，更重要的是，我覺得體質明顯變的比懷孕前好，不怕冷，週期來了也不會覺得暈眩，讓我更體會到坐好月子的重要。感謝『廣和』一路上的支持和幫忙，我才能迅速重回螢光幕前，如果您相信我播新聞，請也相信『廣和坐月子料理外送服務』，它能助您恢復身材，還能助您變的更健康。

知名藝人賈永婕 產後訪談

十二月初生產的我，在一月初坐完月子，幾乎在第一時間就已重返螢光幕前，除了原本懷孕前身體狀況就不錯外，我想是「廣和坐月子料理外送中心」為我打點的坐月子餐點及產婦天然保健食品「莊老師 仙杜康、婦寶」，發揮了最大的功效，讓我能在產後以最快速的時間回愎體力和氣色。

在廣和章老師的建議下，我從懷孕五個月起，就以「莊老師 喜寶」既方便又迅速的補充天然鈣質及其它養份，可能是因為這樣，所以即使是到了懷孕末期，我也幾乎沒有什麼抽筋和水腫的現象，對忙碌的我來說，是最最方便的養胎方法了。

至於坐月子的飲食，由於是按照階段性的方式來進補，所以在同一階段每日的餐點主食都一樣，並沒有太大的變化：第一周是豬肝、第二周是豬腰子、第三、四周是麻油雞，雖然並不難吃，但吃到最後真的會膩，所以必需要有相當的毅力來堅持才行，這點是吃餐前要有的心理準備。但以「廣和坐月子水」料理的「紅豆湯」和「糯米粥」我卻吃得還蠻習慣的，可以說是我覺得最好吃的東西。

整體來說，很感謝「廣和」提供給我產前養胎及產後坐月子的服務，讓演藝工作忙碌的我，也能輕輕鬆鬆在家就做好月子，並且快速的回復體力和氣色，重返螢光舞臺！

知名藝人王彩樺　產後訪談

懷孕、生產對女人來說，總是既期待又怕受傷的事，期待的是：能平安生下健康可愛的寶寶，害怕的是：生完是否能維持做小姐時的身材與美麗。所以，從知道懷孕的那一刻開始，我就到處打聽所有跟懷孕、生產相關的訊息，希望從懷孕開始就做好所有的準備。在演藝界朋友的介紹下，我知道了「廣和」在養胎及坐月子的領域，多年來已經有眾多新聞主播、藝人的親身使用驗證，有著很好的口碑及信譽。在多方的考慮下，便決定把坐月子的事交給「廣和」來做服務，家人也都支持這個決定，都希望我能藉由這次的坐月子，把身體給調養好，為往後忙碌的演藝工作及下半輩子的健康奠定好基礎。

在整個孕期我大約重了16公斤左右，以標準來看算是過重了一點點，原本有點擔心會瘦不回來，但坐完月子我已輕輕鬆鬆的瘦了13公斤，我知道我的擔心是多餘的；而寶貝女兒出生時有3,388公克，可算是發育的很好；相信，這是我從懷孕時便接受「廣和」的養胎及坐月子做服務有關。而且，有了專業的公司來為我服務，也省下了我寶貴的時間，不需為了如何去養胎和坐月子而煩心。

為了把月子做好，我可是謹守除了「廣和」的坐月子餐點外，絕不偷吃偷喝其他的任何東西；而且也做到了坐月子期間都不洗頭。這套餐點，雖然菜色變化不大，口味也相當清淡，但我還吃得習慣，在所有餐點中，由「廣和坐月子水」料理出來的「糯米粥」是我覺得最好吃的東西；同時，我也搭配了產婦專用的保健食品：莊老師「婦寶」和「仙杜康」來調養身體。

知名藝人俞小凡 產後訪談

美麗十氣質的影星俞小凡很喜歡小孩，不僅和小生老公翁家明合開了幼稚園，三年前生下老大後，更為了能夠帶小孩而淡出演藝圈。去年年底，俞小凡再度生下老二，兒女雙全，令人稱羨！

前後兩胎相隔三年，對俞小凡來說可是兩種截然不同的懷孕經驗。第一次懷孕時，俞小凡有充分的時間安心休養。但到了懷老二時，大兒子正處於活蹦亂跳的年齡，成天追著他東奔西跑之下，俞小凡明顯感覺到懷第二胎辛苦多了，不僅很容易疲倦，到了懷孕後期甚至連坐著都覺得骨頭酸痛。為了讓身體舒服一點，因此，俞小凡從懷孕期間就開始喝廣和所指導的大骨湯，並服用「莊老師喜寶」。好不容易順利等到小女兒出生，廣和提供的月子餐更幫助俞小凡把懷孕期間所消耗的體力元氣，通通補了回來！

廣和所提供的月子餐可說完全照顧到產婦月子期間的營養需求，讓俞小凡完全不用自己花心思去張羅飲食，就可以正確坐月子。尤其每道菜都用「廣和坐月子水」來料理，讓她可以完全不用擔心違反了月子期間不能喝水的禁忌。此外，號稱坐月子雙寶的「莊老師仙杜康」及「莊老師婦寶」兩樣保健食品，更讓俞小凡覺得受益良多。原本俞小凡的體質就比較怕冷，冬天一到，更是經常手腳冰冷，覺得難受。但經過廣和月子餐的調理，做完月子之後，俞小凡這些小毛病通通好多了，讓她相當滿意。

此外，除了飲食，廣和也照顧到產婦生活的其他層面，「莊老師束腹帶」就讓俞小凡讚不絕口。由於產後肚皮容易失去彈性，內臟也容易因為支撐力鬆弛而往下墜，藉由束腹帶，就可以把整個肚皮及內臟支撐托高，幫助腹部儘早恢復。廣和不僅提供束腹帶，還會專人教導如何正確纏繞束腹帶，這種貼心服務，讓俞小凡覺得相當受用。

選擇廣和專業細心的幫助，在坐完月子之後對自己更加信心十足。俞小凡果然重新回復懷孕前的體力，在事業上及照顧起兩個小寶貝也更加得心應手。前後兩胎坐月子都選擇廣和月子餐的她，毫不猶豫的表示，未來如果有機會生第三胎，當然一定要再找廣和來幫她輕鬆坐月子！

知名藝人張秀卿 產後訪談

懷孕對我來說，是一件新鮮而有趣的事，雖然辛苦，但是我每天都過得很充實；懷胎7個月以前還大腹便便地上現場節目，先生心疼得說：「真需要如此嗎？」甚至同事還投以同情的眼神說：「如此缺錢嗎？」當然不是，完全是為了興趣，怎可以因為身為孕婦就該享有不同的待遇呢？然而在我周遭的親人，眼睛所看到的全是因為生育以後體型完全變形，身體狀況又不是很好，讓人留下深刻的省思……

我是一個美食主義者，吃是我的最愛，在懷孕7個月以前，因為大吃大喝的關係讓體重增加了26公斤，醫師更是加以嚴重限食，讓自己體會到事態嚴重，多方諮詢專家經驗，更有數家坐月子中心先後接觸洽談過，因為深知「坐月子是女人一生的大事，不能輕忽」於是透過經紀人轉展和演藝同事彩樺與永婕等

討論商量，她們一致大力推薦由專業的「廣和坐月子」料理外送來服務，如此口碑讓我深信不疑，因為有如此機緣，所以就讓自己的健康和美麗完全交付給「廣和坐月子」。產前由於養肝湯和莊老師喜寶的調理，雖然提前3個禮拜生產，但因胎位一切正常，順利地自然產下3600多公克的千金。

生產後的黃金時間內，專業調理師耐心地教我綁腹帶，一直到坐完月子後幾個月內，我是完全綁著腹帶，加上滴水不沾，讓內臟及子宮得到上托，沒有負擔；坐月子前，我和媽媽溝通過：將坐月子交給專業的廣和，初期媽媽對於麻油不夠油等問題，兩人起了很大衝突，平心靜氣後，讓時間來証明一切：坐月子餐點真是豐富，最懷念肉質超嫩的麻油雞，味道特別的豬肝，而原味甘苦的A菜，是我從來就不能接受的。但為了均衡的飲食，我是毫不懼怕地完全接受了，加上「婦寶」、「仙杜康」、「坐月子水」的有效使用，不但原本有意見的媽媽看到我的精神奕奕，臉上原有的黑斑也不翼而飛了，身材比以前少了

3公斤，比以前更明媚動人，更沒有腰酸背痛的困擾；更讓重視健康的媽媽直呼：電話要留下來，以後妹妹她們的月子，也要讓廣和來做，如此成果，讓媽媽心服口服；復出演藝上臺的開始，大家直嘆：如果不是事先知道我結婚生子，否則現在看到我，還會以為我是小姑獨處清秀一佳人哩！由於清淡口味的保持，讓自己的皮膚變得更好，上妝更加容易。

下一個心願就是生一對雙胞胎，如此挑戰和專業的「廣和坐月子中心」討論後，她們給了我正面的回應：一切等待我準備就序以後，就可以上路向目標邁進：如此「越生越健康，越生越美麗」的信念，在我身上展露無遺，希望將這份成果和天下的媽媽一起分享，為優質的社會加分，這是你我不可旁貸的責任。

知名藝人刑宇凌 產後訪談

懷孕、生產對一個初為人母的我來說，是既期待又怕受傷害的事，期待是否能平安生下健康可愛的寶寶？也害怕生完是否能維持做小姐時的身材與美麗？但在懷孕初期並沒有去注意孕婦的飲食管理，吃了很多澱粉類的食物，到懷孕末期我的體重已多了33公斤，而寶寶卻只有2,700公克，這對從事演藝工作的我來說真是天大的打擊。還好在生產前，經由演藝界朋友的介紹下，我接觸到了「廣和」，知道他們在養胎及坐月子的領域，有著很好的口碑及信譽；便決定把坐月子的事交給專業的「廣和」來做服務，希望能在產後找回我的身材與健康。

有了懷孕期間過重的慘痛經驗，我可是下定決心要相信專業完全配合把月子做好。過程中我可是謹守除了「廣和」的坐月子餐點外，絕不偷吃偷喝其他的任何東西。這套餐點，菜色變化不大，口味也相當清淡，吃久了的確會有點膩，但為了自己的身材與健康，我知道一定要堅持下去；同時，我也搭配了產婦專用的保健食品：莊老師「婦寶」和「仙杜康」來調養身體，並且還遵守勤綁腹帶的原則。現在，我除了瘦回懷孕前的樣子，而且以前的冒冷汗、腰酸、便秘…等毛病也都得到了改善，看到這樣的成果，我知道我的堅持是沒有錯的。

做完月子後，朋友們看到我都說：我皮膚和氣色都變得更好了，人也精神了！。大家看到我的照片，才短短四個月就少了33公斤的體重，而且變得更健康，你是否也覺得不可思議呢？！只要你相信「廣和」的專業，並把握坐月子及產後半年的瘦身黃金期，一定也可以跟我一樣找回美麗與健康！

知名藝人林葉亭 產後訪談

由於是在懷孕末期才接觸到「廣和」，所以在整個懷孕過程中，並不知道要有意識的去做好「養胎」的功課，以致到懷孕末期整整胖了23公斤，但寶寶卻只有3,300公克左右，而且有嚴重水腫的現象，手指頭腫脹到幾乎不能彎曲，當時真擔心產後會瘦不回來。

還好，幸運的在產前接觸到「廣和」，那時才了解到「產前養胎」及「產後坐月子」的重要性。在「廣和」細心的照顧及坐月子餐點的調養下，才剛坐完月子，我已輕鬆的瘦了20公斤，而且水腫的現象早在產後的第二周就已不見了，還有之前常有的腰酸問題也獲得明顯的改善；更令我意外的是：皮膚、氣色也顯得比以前要好，老同學看到我能在坐完月子，身材、氣色就恢復的如此之快，無不感到訝異！而我更興奮的想要把「廣和」這麼好的產品介紹給我週遭的朋友，好讓更多的婦女朋友一起受惠。

坐月子的過程中，婆婆和老公也是受惠者，他們省下了要幫我準備坐月子繁瑣費時的工作，有更充裕的時間可以「含貽弄孫」，全家都覺得訂「廣和」的坐月子餐點真是既省事又划算。

在整個坐月子期間，我可是完全遵照「廣和」專業的指導來進行，餐點比我想像中的要好吃，雖然菜色變化不大，偶而會有一點膩，但想想乖乖吃了可以恢復身材又可以得到健康，我還是堅持把它們吃下去。除了坐月子餐點，我還配合三餐吃仙杜康、婦寶來調養身體；另外要提及的是，一定要綁莊老師獨創的腹帶來恢復身材，效果更可事半功倍。

現在坐完月子了，從我自己的感受和家人、朋友的眼光中，我知道自己的堅持沒有錯，更肯定了「廣和」所提供的坐月子料理外送服務，可以幫助我恢

復身材，還能幫助我變的更健康！

甜心藝人蘇億菁 產後訪談

咦?好甜美的外型搭上爽朗的笑聲，感覺好熟悉啊!原來是睽違螢光幕已久的甜姊兒蘇億菁，嫁到好山好水的花蓮後，依舊美麗亮眼，說她已經生了2個漂亮女兒，還真看不出來呢!

蘇億菁親切而開心地說道，我大女兒已經2歲，小女兒也8個月大了!懷老二的時候，因為看朋友坐月子吃「廣和坐月子料理外送餐」，整個人的精神非常好、氣色非常紅潤，所以在生產的前10天左右，我在台北待產，便聯絡廣和幫我坐月子，結果他們的效率出奇的高，馬上幫我送來了密集養胎保養品包括『莊老師喜寶』、還有一本『從懷孕到坐月子』，並教導我許多寶貴的生產資訊。生產後我在朋友家坐月子，「廣和坐月子料理外送服務」讓我完全不會麻煩到別人，而且真的很好吃，像是麻油雞、糯米粥等等，完全是用『廣和坐月子水』調理，非常順口，料非常多而且實在，想多吃一點還可以請他們追加

呢！重要的是他們已經針對我的狀況來調理好一套套的餐點，而且食物從主食、藥膳、點心、蔬菜到水果、一應俱全，營養非常均衡，讓我可以放心地攝取到各種所需的營養成分，真的很健康又方便！

蘇億菁還開心地說，我吃了「廣和坐月子料理外送餐」一個月之後，原本在孕期增加的近20公斤體重，就完全瘦回來了！這讓我非常開心，因為畢竟是藝人嘛，走到哪都會被別人認出來，恢復了苗條的身材，讓我更有自信地對別人說：「沒錯！我是蘇億菁！」只是我沒有乖乖使用『莊老師腹帶』，現在還有一點小腹，有點後悔呢！此外，我還搭配『莊老師仙杜康』、『莊老師婦寶』，我原本手腳容易冰冷、怕冷的體質，就完全改善了，天氣冷的時候，再也不用蓋一層層厚重的被子了！就連原本容易腰酸、頭痛的毛病也改善了，整個人的氣色、精神、體力都非常好，比較起第一胎自己坐月子，生這一胎經由廣和調理之後，體質真的改善很多，所以我覺得正確的坐月子真的很重要！

現在即使我已經生完小女兒八個月，廣和的人還是經常跟我聯絡，他們教我在生理期期間與結束的時候要吃麻油雞來調養身體。說真的，廣和就像我的家人一樣，隨時打電話關心我，而且做事非常有效率，讓我覺得kimochi很好，家人也對他們的專業服務很放心！

至於是否有復出計劃呢？蘇億菁說她還希望再生第三個小孩，但是只要有好劇本就會復出。當然，蘇億菁還是會選擇「廣和坐月子料理外送服務」來幫她的第三胎從養胎做起，一直到坐月子，因為廣和的專業照顧與貼心服務，讓她信心百分百！

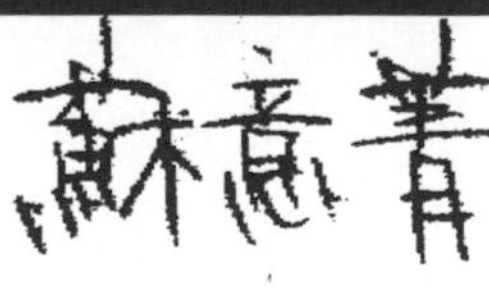

侯昌明賢伉儷 產後訪談

螢光幕前形象健康、風趣幽默的侯昌明，看起來像個陽光大男孩，實際上他是個愛家的現代新好男人。93年1月，美麗時髦卻溫柔賢慧的老婆曾雅蘭為侯昌明生了一個可愛的女兒！在公開場合及電視廣告中，看到曾雅蘭窈窕的身影，不禁讓人驚呼：「不會吧！怎麼完全不像生過孩子？身材是怎麼恢復的？」

說到此，昌明迫不及待要告訴大家老婆的產後瘦身秘訣。他說：「雅蘭原本的體重44公斤，懷孕時胖了15公斤，女兒是自然生產的，出生體重將近3000公克，生完一週就減少了9公斤，現在已經完全恢復到懷孕前的體重，以前的衣服和褲子全部都穿的下耶！這都要歸功於廣和，我很高興選對了坐月子方法。」

老婆懷孕時，看《嬰兒與母親》雜誌上介紹「廣和坐月子料理外送服務」，覺得很心動，因為不會讓媽媽幫忙坐月子太辛苦，又能住在家裡，還有專業的調理師服務，所以我選擇了廣和！懷孕期間，廣和就派專屬調理師過來跟雅蘭詳談，了解她的體質及狀況，教她如何解除腰酸背痛和水腫，還送了我們好幾本莊老師出版的懷孕生產書籍，讓我們感覺好窩心！生產當天早上，打電話跟廣和說我老婆要生了，當天中午他們就把我的月子餐送到醫院病房，我好驚訝他們的效率，媽媽也不用奔波的幫雅蘭送餐點，真是太方便了！

回家之後，廣和每天一早送來當天現做熱呼呼的月子餐，即使午晚餐加熱之後吃仍然很新鮮。老婆覺得廣和的月子餐很好吃，重要的是口味清淡不油膩，份量也夠，她最喜歡吃他們的麻油雞、油飯、甜湯、八寶粥，真的很香喔！而且我說我很怕豬肉的味道、太濃的麻油味，他們都會幫我調整，真是設

想周到！另外還有添加珍珠粉和冬蟲夏草的莊老師仙杜康、婦寶加強了產後恢復的效果；還教雅蘭綁束腹帶，而且怕她綁得不好效果會變差，調理師還講解的特別詳細呢！這中間一直有專屬調理師跟雅蘭聯絡，給她很多建議與指導。做完月子後，我發現老婆的皮膚變的比以前更光滑、更細緻，氣色變得很好，不用上妝也很紅潤；懷孕前只要她mc一來就會痛，現在竟然完全不痛了，把以前不好的體質都改善了！另外雅蘭也完全沒小腹，屁股也沒有變大，我想這是莊老師束腹帶的功勞。

朋友們都很驚訝，雅蘭生產後竟然變得比以前更漂亮，其中幾個已經懷孕的也打算請廣和幫他們坐月子呢！我們很慶幸他選對了廣和，原本打算親自幫忙坐月子的媽媽也贊不絕口！下次懷孕我們還要找廣和，因為廣和讓雅蘭越生越健康、越生越美麗！

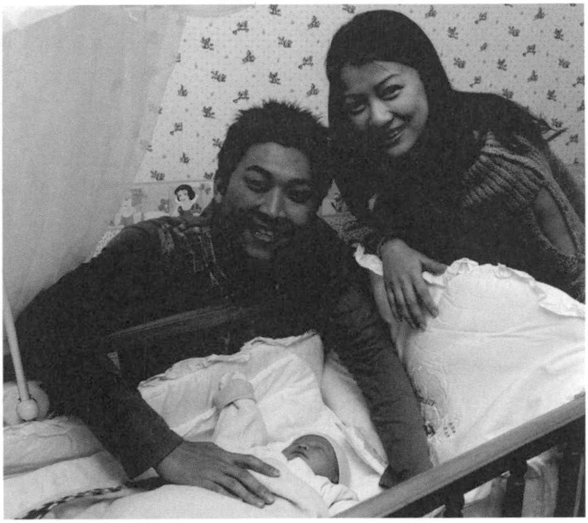

第二篇　接近生產前的準備

孕婦飲食與生活管理

養胎的重要性

所謂「養胎」就是婦女在懷孕期間正確的飲食、生活及消除疲勞的方法，而其中又以孕婦的飲食管理最為重要，因為胎兒成長所需的養分來源，唯一的管道就是母體，也就是說：媽媽吃什麼，小貝比就吸收什麼！所以想要小貝比出生之後先天體質高人一等，就要看媽媽懂不懂得在懷孕期間做好飲食管理，提供給小貝比既正確又充足的養分。

孕婦飲食與生活管理

◎3：2：1飲食原則

眾所周知，懷孕期間的飲食十分重要。但並非隨著孕婦本身的好惡任性而為，更非一般所認為的「餓了就吃」、「一天吃五餐」。最好的方式是按照莊淑旂博士所提倡的3:2:1飲食原則——若把晚餐分量當成一份，那麼早餐就要吃到晚餐分量的三倍，午餐則為兩倍，換成口語化，即為「早餐要吃得好，中餐要吃得飽，晚餐要吃得少」，至於宵夜則一定禁止。因為吃了宵夜，使腸胃無法休息，容易產生脹氣，並且會影響到睡眠品質，間接使孕婦出現便祕、頭痛、胃痛等症狀。

◎規律的生活

懷孕初期的第二個守則是生活一定要規律。不論過去生活有多偏差，一但發現懷孕，就要盡量調整過來。早晨起床後、早餐前先進行散步，採一直線走

路法；中午如有午睡習慣，須改變過去吃完再睡的方式，因為那樣會更疲勞。最好的方法是先午休二十至四十分鐘，職業婦女如果能躺下休息最好，如果不方便，則全身放鬆閉目養神，然後再吃午餐，吃完後休息五分鐘再工作。

◎調整工作量

工作量大者，須先調整工作內容，避免因太勞累或壓力過大而影響身心的健康。

◎避免劇烈運動

勿跑、跳、騎腳踏車；提超過二十公斤的重物，盡可能請人代勞，萬不得已非自己來，也可改為雙肩背或用手推車；手勿高舉、墊腳尖，因會造成韌帶伸展，易流產。

◎注意交通

勿長途坐車，只要超過四十分鐘者就算。因為車行顛簸加上長時間坐著容易造成內臟下垂，在懷孕末期還易有腰骨酸痛的情形，至於中期(約四至六個月)，因情況較安定，所以可以坐久一點。

◎勿抱小孩

盡量避免抱小孩。這一點對很多懷第二胎的婦女較難做到，就需要家人的多多配合，以便一起迎接健康的小生命。

◎洗澡的方法

沐浴方式須採淋浴，以蓮蓬頭沖腋下、脖子(甲狀腺處)及鼠蹊部，水不可過熱或過冷。為減輕孕婦一天的疲勞，可以採用莊淑旂博士推廣的「沖腳法」。

◎孕婦馬殺雞

可於飯前及睡前進行莊博士獨創有效的簡易按摩法，例如：耳朵與手部的

按摩、眼睛的指壓、肩胛骨的按摩⋯，不僅能讓孕婦消除疲勞，還能排除體內脹氣、促進循環，讓小貝比養分的吸收更完整。

養胎飲食要訣

◎一人吃二人補

孕婦在懷孕期間，需要有意識補充的養分有三項：

1 天然鈣質：可避免媽媽鈣質流失、骨質疏鬆，並且提供給小貝比成長骨骼。

2 高蛋白質：提供小貝比成長肌肉及內臟。

3 大量蔬菜：每日須攝取三大盤蔬菜來提高媽媽的代謝力，以便小貝比充分吸收成長所需的養分。

◎一日三餐都好吃

由於生活的步調的影響，大多數人都是早餐草草解決或不吃，午餐以填飽為主，晚上下班回家全家團聚，於是吃下一天中最豐盛的一餐。這樣的習慣到

了懷孕，一定要改過來！

為了讓早上有能量工作，早餐最好吃富含蛋白質及熱量的食物，以肉類及內臟類為主；到了中餐，口味及營養由魚、貝、海鮮類負責供給；晚餐因為是一天中的最少量，而且為了減輕腸胃的負荷，最好以清淡為主，能少吃盡量少吃，尤其是大塊魚、肉，更應避免。在初期適應期，可以加入少量絞肉混合干貝蒸粥，待慢慢適應後，再逐步降低肉的份量。除此之外，每一餐中，都必須吃一大盤青菜，使營養的攝取完整。

■早餐　一天中最精彩的一餐

除了西式早餐，中式早餐大多是稀飯配上醬菜打發，這個方法到了懷孕期就要再檢討了，原因是吃不飽、養分也不夠，工作到了上午十點多，肚子就餓了，於是只好再塞些餅干、麵包，或吃小吃打發；時間到了中午，問題來了，因為午飯前最好先休息二十分鐘再進食，可是因為上午吃過的東西尚未消化，於是午休品質相形降低，更影響中午的食欲，中午沒吃飽，下午又得再填肚子，一整天就這樣惡性循環，沒有一餐能夠吃得對又吃得剛好。

因此，懷孕期間的早餐，最好改為乾飯，而且是糙米飯，因為糙米可以加強新陳代謝，孩子吸收得到營養。

早餐菜色以肉類為主，為避免吃膩，可以豬牛雞羊等各種肉類交叉食用。分量約為一百至一百五十公克，可視個人狀況增減，但平均在兩百公克以內最佳；蔬菜類是主菜的二至三倍（每餐皆如此），除了綠色蔬菜外，其他如蘿蔔、海帶、蓮藕、馬鈴薯等蔬菜都是。

■午餐　海鮮貝類主打的輕午餐

孕婦的午餐以魚、貝類等海鮮為主，但須避免食用蝦蟹，因為會造成胎兒過敏體質，生魚片也在禁止之列，以免因殺菌不完全，受到感染。

每天吃魚的好處多多，尤其是補充鈣質與DHA，報導上多有披露。為免吃膩，不同魚類與貝類可以換著吃，作法上最好用蒸或煮的，炒或煎的容易吸收多餘油脂，僅可偶一為之。事實上，中餐只要謹守飲食比率3:2:1原則，以海鮮貝類為主，再加上一大盤的蔬菜，營養就很完整。

■晚餐　只要營養不要負擔

晚餐須吃一天中的最少量，以清淡為主，謝絕大魚大肉，好讓腸胃休息。尤其是上班族，更要改掉過去拿晚餐當重頭戲的作法。一旦腸胃通了，身體的不適自然改善，菜色則以清淡為宜，並且仍須搭配大量蔬菜。

從頭到尾都得鈣——孕婦補鈣的重要性與方法

◎孕婦補充鈣質的重要性

養胎飲食要訣中，補充大量的天然鈣質可以說是最重要的一項，因為小貝比在媽媽的肚子，從完全沒有，到形成一個胎兒長出完整的骨骼，需要超大量的鈣質，而小貝比才不管媽媽本身的鈣質夠還是不夠，他要吸收，就會從母體直接吸收，這時，如果準媽媽不懂得用正確的方法來補充鈣質，而一味的只懂得付出，就會產生二種結果：

1 小貝比因為鈣質吸收量不足，容易造成發育不良。

2 媽媽本身生產後容易造成腰酸背痛、鈣質流失、骨質疏鬆、未老先衰，甚至會提早更年期！

所以補充天然鈣質是每一位準媽媽必要做的功課。

◎孕婦補充鈣質的方法

孕婦補充鈣質的前提是：必須補充天然鈣質！因為一般含有化學成分的鈣片不容易被母體所吸收，媽媽都吸收不到了，小貝比當然更吸收不到！況且醫學證明，服用過多含有化學成分的藥品，會對人體的肝臟、腎臟造成負擔，所以每一位準媽媽都應該按照以下的方法來補充天然鈣質。

天然鈣質補充法有四種，須全部都做，才能完整的做好養胎的功課。

一、大骨熬湯

材料：一隻豬的全副大骨（含四隻大腿骨、脊椎骨、肋骨、尾冬骨及尾巴）、小魚干（丁香魚）600公克、白醋100cc、水。

作法：將豬骨洗淨、川燙後敲裂痕放入鍋中，加入小魚干，再加入材料體積約12–15倍的水，最後加入100cc的白醋，加蓋，以大火煮滾後改以中火滾

6小時即可。

吃法：待大骨湯冷卻後，去除大骨及小魚干，只取湯，平均分成15份，放入冷凍庫保存，每日取一份食用。

備註：

1 做一次大骨湯為一個孕婦及胎兒15日的份量。

2 豬骨亦可更換成牛骨、雞骨、或大魚頭，但須注意份量須充足。

3 可將大骨熬湯當成料理食物的湯頭或直接服用，但注意須每日服用不可間斷，才能達到養胎的目的。

二、每天食用100公克的小魚干或吻仔魚

三、鮮奶、羊奶或奶粉，每日3次，每次150cc

四、服用莊老師喜寶，每日3顆，連續10個月：

莊老師喜寶是用生物科技的技術，萃取出天然的鈣質，再濃縮成粉末做成

膠囊，是純天然的食品，喜寶經檢驗證明，每100公克所含天然鈣量是大骨熬湯的10000倍，是孕婦最方便、最有效的天然養胎聖品，建議準媽媽不論目前懷孕幾個月，均連續服用10個月的喜寶來補充流失與不足的鈣質（註：喜寶一盒90顆，為30日量）。

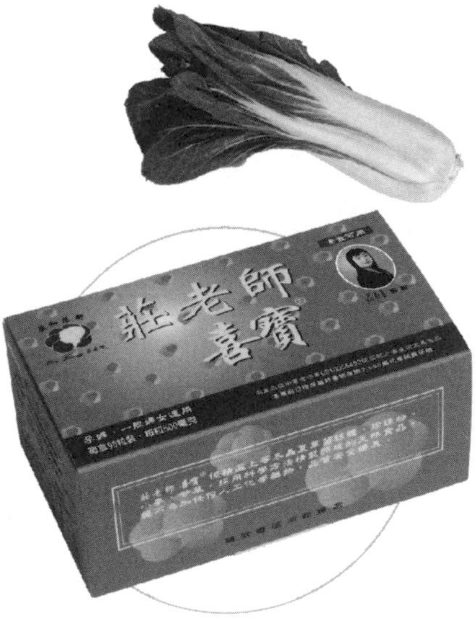

孕婦可多吃的食物

蓮藕、白蘿蔔、紅蘿蔔、白菜、黃瓜、香菇、海帶、貝類、魚類、小魚干、大骨、排骨、鮮奶、蔬菜、雞胗、糙米、莊老師喜寶…。

蓮藕可以鎮定神經，幫助排便，促進新陳代謝，消除脹氣，使賀爾蒙協調；白蘿蔔可以消除脹氣，利尿；紅蘿蔔可消除眼睛疲勞，增加小腸吸收功能；白菜、黃瓜為涼性食物，可中和孕婦體溫，消除脹氣，增加代謝力；香菇可促進新陳代謝並防癌；海帶則富含碘而列入建議；干貝（貝類）有安定神經的功效；魚類除含豐富的鈣質外，還可補充蛋白質；大骨、排骨、小魚干及鮮奶可補充鈣質；蔬菜可增加代謝力，排除體內毒素；雞胗可以幫助消化吸收，但處理時須注意，必須完全洗淨，並留下「雞內金」（即　面的黃膜）；糙米可增加代謝力；莊老師喜寶含天然鈣量為大骨湯的10000倍，除可補充鈣質外，

亦提供了孕婦所需的蛋白質，並可提高代謝力。

孕婦除可多吃以上食物外，還須遵守3：2：1的飲食原則，也就是將一日食用的份量分成6份，則早上吃3份，且以肉類為主食，並須配上肉類2倍以上的蔬菜；中午2份，以魚類為主食，同樣須搭配蔬菜；晚餐份量為1，以貝類及小魚或蘿蔔汁蒸粥為主食，並搭配2大盤蔬菜。

另外在烹調的方法上，宜多以蒸、煮、燙、炒等方式料理，並最好能選擇單一味飲食，即鹹、甜、酸、辣等味道不要混和烹調食物。

養胎最佳補品——莊老師喜寶

莊老師「喜寶」是廣和集團經過多年潛心研製，並得到眾多消費者認可的孕婦理想保胎營養食品。內含冬蟲夏草(菌絲體)、珍珠粉、果寡糖、孢子型乳酸菌等多種成分，營養成分高，特別適合孕婦以及胎兒對鈣質及蛋白質的吸收，讓胎兒在出生前就達到補鈣的目的，絕不含任何人工化學成分，品質安全可靠！婦女於懷孕期間，每日只要服用三粒、三餐飯前各服一粒，就能達到養胎的目的，可以說是孕婦最方便、最有效的孕期養胎最佳補品！

附註：

1 孕婦於懷孕期間每日三粒，飯前各服一粒。產婦及更年期婦女每日早晚各服兩粒。

2 本產品採膠囊包裝，為純天然的食品，每盒90粒，對膠囊不適者可拔除膠囊

服用，沖泡溫開水服用亦可。

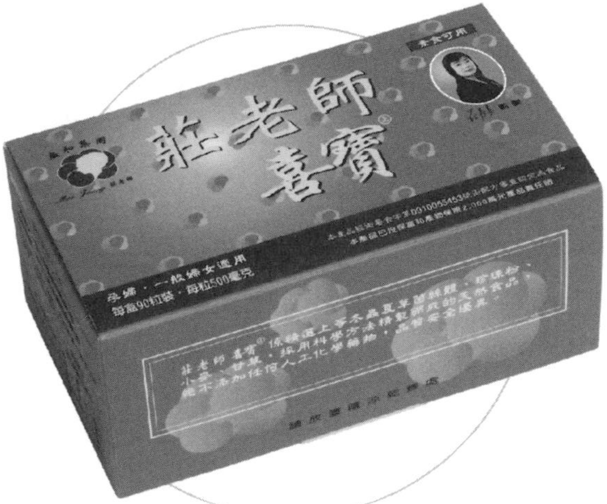

就算嘴饞也不能動口的食物

1 蝦（含蝦米）、蟹：

蝦蟹的賀爾蒙十分旺盛，對於因懷孕而處於賀爾蒙分泌不協調狀態的孕婦來說，最好不要吃，因為容易造成賀爾蒙失調。

2 豬肝：

乃破血之效，許多人認為它補血，事實上它是破血（化血）的，所以懷孕初期大量吃豬肝，易導致早期流產，中期易生過敏兒，末期易導致早產。

3 生冷及冰的食物：

雖然產前需要涼補，但指的是食物的性屬涼性，並非指生冷或冰的食物；生魚片、生菜類等生冷的食物，因未經消毒殺菌，容易造成拉肚子；冰的食物

及飲品，會影響胎兒氣管發育，容易生出過敏兒。

4 太鹹、太辣、烤焦及油炸的食物：

太鹹、太辣者對胎兒太刺激；烤焦者對上呼吸器官神經粘膜有影響，兩者都易造成過敏體質。

5 薏仁：

其作用為消除體內異常細胞，但因受精卵對人體來說，並不是正常細胞，薏仁的功效恐怕會抑制受精卵的成長，所以應儘量避免攝取。

6 韭菜、麥芽（糖）：

產後退奶時很有效，但孕婦食用會影響賀爾蒙的分泌，且易造成噁心、嘔吐。

體重的增加是健康的標準

妊娠期間，母親平均體重大概增加了十二至十四公斤，其中五公斤是胎盤、羊水、胎兒的重量，而剩下的則是母親腰部脂肪、乳房的肥大、血液的增加等等的重量。若至妊娠中期，體重未增加，食欲持續不振，則並非好徵兆。

一般，妊娠前至妊娠後期體重的增加，最理想是在十二公斤左右。「害喜」時體重無法增加。妊娠四個月時，體重應開始增加；至妊娠滿七個月（二十八週）應增加十公斤以上才是，換言之，妊娠第四個月起，每四週（一個月）即應增加二至三公斤左右，妊娠第八個月（二十九週）之後，若一週增加五百公克以上時，則需要控制體重。控制體重所採用的食物限制法，必須兼顧到胎兒的營養，在胎兒營養足夠下，來實行控制體重。主要要節制的是澱粉類、高糖類、高油脂類等。採取「質比量重要」的原則。

妊娠第八個月以後，過份攝取營養，不僅增加體重，腎臟功能亦將惡化，致使水分堆積在體內而發生浮腫的現象，一週增加二公斤（平常的四倍）是常見的。大致上，是妊娠中毒症的開始，這時要限制水分，及需要安靜。並接受定期檢查，查出體重增加的原因，並接受生活指導。

體重增加而引起浮腫時，則需實行飲食控制，否則若引起妊娠中毒症時，將造成胎兒大腦發育障礙。同時，吃了過多高卡路里所引起的體重增加，亦將導致產後體重不易恢復的現象。

胎兒健康的指針──胎動

每一個即將為人母的婦女，都有「胎動」發生時驚喜的經驗，雖然只是輕微的一個踢動，但是卻給了母親不少的安慰。生命雖然不由胎動而起，但在古代，胎兒的生命確是由胎動發生而確定。

早期的胎動非常輕微，就像「腸子蠕動一樣」，妳要是不注意的話根本察覺不出來！「胎動」會隨著月份愈來愈多，直到懷孕九個月後，由於胎兒的睡眠時數加多，以致漸漸減少。通常頭胎的胎動較第二胎以後為晚。

每天胎動的次數，由四次到一千多次不等，在胎動每天少於四次或是急劇的下降時，必須由產科醫師立刻評估胎兒的健康，以決定胎兒有否瀕臨於危險的境地，國外曾有產婦因胎動停止，經產科醫師檢查，立刻剖腹產下健康嬰兒的報導。我們的結論是：當胎動完全停止後，八小時內胎兒還是可以救活的，可是一但連胎心都聽不到時，就為時已晚矣！

迎接新生兒的準備

懷孕到了第十個月，胎兒的體重已達三千公克左右，身高也有五十公分左右，皮下脂肪已相當豐富，骨骼也長得十分結實，肌肉也相當發達，身體維持在一定的張度。此時，由於胎兒的頭部已在骨盤入口或已進入骨盤中，所以劇烈運動的情況已經較少了。但是有些胎兒在分娩之前還動得厲害，所以也不能一概而論。總之，可以說跟九個月時相較，動的次數已減少許多，感覺上似乎穩重多了。

母親方面，隨著壓迫心窩的子宮下降，對胃的壓迫感亦跟著減輕，故能比較輕鬆、愉快的進食了。此時身體變得非常笨重，即使只是些微的活動也會顯得相當困難，喉嚨很容易乾渴，動作顯得十分吃力，體重的增加十分迅速，同時，下肢和手、腰部等也很容易浮腫。

在生產前的七至十四日，孕婦會感覺胎兒似乎在急速下降、頻尿、腰部酸軟慵懶、肚子發脹（有不規則的子宮收縮）、排出的黏液中摻有少許的血絲、胎動變少等情況。在這些情況中，逐漸明顯化的是：子宮之不規則收縮程度加強，有時每十至十五分鐘便可感受到，而少量的出血也會因初產、經產或各人有所不同的差異。總之，只要有膠狀的黏液和出血，便是接近分娩的徵兆了。

現在，妳是否已做好迎接新生兒的準備了呢？

接近生產時的症狀

有些人認為在開始分娩前的一個禮拜左右便可稱為分娩期，此時期必須注意每隔二、三日接受診察，每天入浴，經常洗頭，以及每日排便。

初產的人，很多是在開始分娩之前四、五天便覺得自己要分娩了，而早早便進入醫院等待生產，通常醫生會請她先回家，過幾天再入院！

真正的分娩開始係以子宮口開始打開為前提，其次，子宮的頸管要有短縮、熟化的現象，經產婦的生產過程通常在短時間內即可完成，因此，如果每隔十五至二十分鐘子宮便有收縮的現象，必須立刻送到醫院。如果未能清楚判斷此子宮收縮的周期時間，可能會在車中或候診室中生產哦！

◆生產開始時的信號

一、初產婦：

分娩前期長達七至十日，會有排出膠狀黏液，少量出血，或者破水的情形。如果一小時內有六至七次規律正常的收縮的話，便表示要開始分娩了。

二、經產婦：

即使有分娩前期的期間，但仍有突然分娩的情況，故當子宮每隔十五至二十分鐘便收縮，並有少量出血的話，便應該入院接受診察了。

生產的過程與原理孕期的生理變化

◆生產的開始

胎兒在母親腹中成長到可以出世的程度時，便會傳送出生產的荷爾蒙信號，接受到此信號的母體會促使讓子宮收縮的荷爾蒙加強作用，這便是告知生產開始的陣痛。

◆分娩第一期（開口期）

子宮發出強烈的收縮時，胎兒被迫往產道的方向移動，子宮頸管的肌肉似乎要將原來一直緊閉的子宮口撐開似的，往上方移動，子宮口因此而張大，而胎兒亦受到牽引而稍微往骨盤內下降，當子宮口打開至十公分左右時，胎兒便通過此開口，頭部從子宮朝陰道中移去。

◆分娩第二期（娩出期）

胎兒搭乘著規律的陣痛波，一面在陰道中狹窄的產道內迴轉，一面下降，不管是對母親或胎兒而言，這都是最難耐的時刻。

◆分娩第三期（後產期）

分娩後，子宮收縮逐漸變小，十至二十分鐘後，胎盤娩出。

產前二個月該注意什麼

懷孕末期對孕婦來說是最難捱的時候，肚子太大行動不便之外，伴隨而來的各種症狀也令孕婦感到不舒服，不過，再怎麼不耐，孕婦還是得忍耐，想想看，再不久，一個可愛白胖的小寶貝就要降臨了，怎不令人興奮呢？再從另一個角度看，生出來後，養育上的種種生疏與不便，說不定，妳反而會寧願他待在肚子裡呢！

在懷孕到第八個月，就要開始為生產而準備。一方面要做「涼補」的工作，改善體質；再者，如有任何症狀，就要以改善症狀為主。

產前如何涼補

以喝蜂蜜水為主，調理方法為：以室溫或微冰的冷開水，倒入濃淡適中的蜂蜜調勻即可。蜂蜜的分量可依個人喜愛加減。但開水絕不可用溫開水或熱開水，因為用此溫度調蜂蜜水，孕婦喝了容易產生脹氣或拉肚子。

蜂蜜水的用途不少，尤其在生產時更有妙用。最好在赴醫院生產前，預先準備好一百六十西西的熱開水，加入愈濃愈好的蜂蜜（約兩百西西，以能容忍的極限為主）調成濃稠的蜂蜜水，在產前陣痛開始、開兩指破水之後喝，可以幫助縮短產程、減少痛苦，不過此法只限自然產，據試用過的產婦表示，效果很不錯。

高齡產婦預備動作

此處所指的「高齡」是指三十六歲以上，適用此準備法的還包括多胞胎、胎位不正、習慣性流產，而要採取自然產的產婦。方法很簡單，只要在產前準

備人蔘酒，生產前再加入蜂蜜調勻喝下即可。

製作人蔘酒須在產前一個月，以十公克人蔘加一百西西米酒，密封一個月，當陣痛一開始即隔水蒸一個小時（內鍋及外鍋均須加蓋），喝前加入兩百西西蜂蜜（以能忍耐的程度為限，但原則上愈濃愈好），喝了後可以增加體力，有助縮短產程。人蔘可增加體力，但產後絕對不可以吃人蔘。

剖腹產預備動作

剖腹產除了動刀的問題外，最令產婦顧忌的是麻醉手術，因為根據中醫師的說法，麻藥並不會隨著新陳代謝排出，長此以往，對健康當然有負面作用，而「養肝湯」正好在此時派上用場。養肝湯可以排解麻藥的毒性，也可減輕手術後的疼痛，孕婦一定要記得喝。其實養肝湯對自然產的產婦也有幫助，因為

喝了養肝湯生出來的小貝比皮膚都很好，準媽媽不妨一試。（養肝湯的製作方法，請參考本書第117頁）

坐月子預備動作

小貝比快迸出來了，有心好好養胎的父母，想必對於孩子出生時的一切也有計畫地進行中。在此須提醒新科父母，須在坐月子前二個月做好準備。（歡迎來電免費索取「廣和莊老師坐月子秘笈」）

1 坐月子的飲食要事先安排好

坐月子是女人一生中，改變體質三大機會之一，所以，是家人煮？到坐月子中心？或者找專人負責，都需要事先安排。月子做得好，身體也能獲得改善。

2 坐月子的生活環境須準備好

對於坐月子時的生活安排，也要預做心理準備。因為坐月子時一定要躺臥床上，如果自己躺不住，最後受害的還是自己。所以，必須要能耐得住。

3 照顧小貝比的人手要先決定好

小貝比的照料，最好的方式是安排他人照顧，這個好處是產婦可以獲得充分休息，千萬別因為滿溢的母愛而輕忽了這項安排。很多產婦月子做不好，都和自己要帶孩子有關，而且長時間抱孩子，以及抱起放下的動作，都容易會讓產婦日後產生腰痠背痛的現象。

懷孕末期的飲食

懷孕到第九個月，胎兒已經有二千公克左右的重量了。此時母親的體重激增，活動變得十分笨重，在此時該必須格外留心不要過胖或便秘了。

妊娠到第九個月，子宮底昇至心窩處而壓迫到胃部，以至無法大量進食。稍為吃些便感到很飽，然後很容易又餓了。此時期，吃飯已不只是三餐而已，要少量多餐，點心、宵夜、零食也是飲食的一部份，不妨多留意些。

此外，妊娠末期消化器官的作用會變差，而變得很容易便秘。孕婦此時應注意多攝取球根類、海藻

類、纖維多的蔬菜，以免發生便秘。另外，要特別注意，鹽分不要攝取過多。

妊娠末期嚴禁過度用力使勁，會引起早期破水，造成胎兒早產，所以如果便秘的話，請試試「孕婦養胎寶典」一書中介紹的「孕婦症狀對策」中的「便秘對策」，並且在檢診時與醫師商談，或許使用通便劑也是方法之一。

安排坐月子的飲食與生活

懷孕末期孕婦的腹部已變得十分龐大，由於子宮底已經上昇到心窩底，所以會壓迫到胃，以致於造成食慾不振。除了胸部好像被什麼頂住的感覺之外，身體也變得很難彎曲，渾身無勁而且不想動。特別是上下樓梯顯得格外笨拙，步行也變得很容易跌倒。所以此時孕婦最好能不慌不忙、慢慢行走。

小貝比很快就要和妳見面了，這時期，是妳應該要安排坐月子事宜的時候了，首先，妳要先決定好準備坐月子的場所及方式，再來，妳要安排好坐月子中幫妳照顧小貝比的人手，期間，妳不妨攜同先生或家人參加各種準媽媽健康講座及料理試吃會，透過各種資訊，可以協助妳判斷及選擇最適當的坐月子方法。

廣和月子餐外送服務

坐月子期間所有吃跟喝的食物內容與製作方法跟一般期間的飲食完全不同，這個部分在「做好月子的要項評分表」裡面，分數佔了六十分，是坐好月子的三大要領中，最重要的一項。換句話說，即使妳花了很多的錢請人幫妳帶孩子，甚至到專業的坐月子中心去坐月子，然而只要在飲食方面沒有好好遵守的話，坐月子的效果仍然會非常不理想，基於此，廣和莊老師特別提供了一套讓產婦輕輕鬆鬆就能把月子做好的「廣和月子餐外送服務」。

「廣和月子餐外送服務」是以旅日醫學博士莊淑旂女士完整的坐月子理論為基礎，並經由外孫女章惠如親身印證並改良後而創造出的一個讓產婦能夠輕鬆把月子「坐」的更好的新興服務。

莊淑旂博士是日本美智子皇后的家庭醫師顧問，也是台灣第一個拿到中醫

執照的女醫師，她更是日本慶應大學西醫的醫學博士。莊博士在日本服務了四十年後，於一九九〇年回台服務，並且指導女兒莊壽美老師成立了廣和國際有限公司與廣和出版社，開始於台灣推廣全民健康與防癌宇宙操的理論。

一九九三年，莊淑旂博士首先於「廣和出版社」出版的書籍中，提出以米酒來坐月子，滴水不沾的理論。一九九五年廣和出版社出版「坐月子的指南」（後改名為「坐月子的方法」），書中根據莊淑旂博士外孫女章惠如老師的親身經驗，首度提出將三瓶米酒濃縮提煉成一瓶「米酒水」的方法，專供女性坐月子期間使用。迄今，已經造福了無數的產婦。一九九六年起，「廣和月子餐外送服務」正式於台灣展開服務，二千年，為了提升坐月子的整體效果，「廣和」推出精心研發的「廣和坐月子水」，這項產品是由米酒精華露加上廣和獨家天然配方之後，以分餾萃取技術化為人體容易吸收的小分子，專供產婦在坐月子期間使用的「坐月子料理高湯」。

「廣和專業月子餐」全程使用「廣和坐月子水」，配合傳承自莊淑旂博士的坐月子飲食理論，已經讓無數婦女及台灣各界知名女性，包括多位新聞主播、政要代表以及知名主持人、藝人…等都能在產後短期內順利復出。服務品質值得信賴！而廣和莊老師系列口碑見證良好的保健產品，更成為了現代婦女養身保健、恢復體型、滋潤皮膚的重要指針！

認識廣和月子餐外送服務

「廣和月子餐外送服務」是將產婦一天所需要的飲食內容，包括主食、點心、蔬菜、水果、飲料、以及藥膳，全部按莊淑旂博士獨創、有效的坐月子理論，並以專業的方式，全程使用「廣和坐月子水」調理好餐點，每天新鮮現

煮，並由專人配送到產婦家中、醫院或坐月子中心，一天一次，全年無休，讓產婦輕輕鬆鬆就能正確的把月子做得更好。

安排照顧小貝比的人手

孕婦在懷胎十月中，身、心上所承受的辛苦是不可言喻的！所以，我們絕對支持，每個產婦都要享有安心坐月子的權利！更何況，坐月子期間是婦女健康上的一個轉戾點，只要把握時機，用正確的方法做好月子，就能讓女人體質改善，越生越健康、越生越美麗！而坐月子期間最容易影響產婦安心坐月子的，就是剛出生的小貝比了！

所以，至少在產前二個月就要先決定好坐月子期間全職照顧小貝比的人手，而最佳的人選當然是自己的媽媽、婆婆、姊妹、鄰居或專業褓母，在這裡，請各位媽媽要特別注意：我們所謂的安排褓母，指的是「決定好全職的褓母」！常常聽到產婦哭訴：「之前滿口答應要幫我照顧孩子，生產後，確只是偶而來看一看，幫忙洗一下小貝比，晚上的時間，餵奶、換尿布還得全部自己

來，根本無法安心睡覺！」，因此，如果實在沒有適當人選的話，就要跟準爸爸來協商，只要準爸爸事先學習如何幫小貝比洗澡（因為產婦是不能幫小貝比洗澡的），於坐月子期間，白天可以母嬰同室，產婦練習側躺著餵母奶及側身來換尿布，晚上則預先把母奶擠出，小貝比與新手爸爸跟產婦分開房間來睡，這樣才能讓產婦有八到十個小時充分安靜的睡眠，而晚上就由新手爸爸來餵奶及換尿布，如果母奶不夠的話可以再補充奶粉。

第三篇　坐月子篇

坐月子是女性一生中增進健康的最大良機

女人一生中有三次改變體質的機會，一次是初潮期，一次是生育期，最後一次則是更年期；特別是生育期，它是最能夠改變女人體質的最大機會。

生育是揚棄舊的廢物，生產新的物質。在懷孕十個月的時候，貯存於母體內的東西，會在生育時隨著胎兒一起排出，所以在體內發生重新創造的作用。也就是說，母體內已產生大規模的新陳代謝，嬰兒會給母體帶來新的青春和活力，甚至能藉此治療懷孕前的疾病。也因此生育後的調養是不容忽視的，倘若調養不足，將來極易發生包括癌症在內的慢性疾病；所以只要坐月子方法正確，要想再恢復往日體型不是一件困難的事，而且還能讓健康情況十分理想。

生兒育女是人生的大事情，而坐月子更是女性一生中增進健康的最大良機；唯有將自己調養的容光煥發，身心健康，才能擁有美好的人生，也唯有妳健康，家中才會陽光普照、幸福美滿，所以坐月子是多麼重要！在珍惜坐月子的傳統智慧中，正確實行產婦的保養方法，除了擁有容光煥發、更能保有健康的財富！

何謂坐月子？

所謂坐月子就是婦女經過了懷孕的過程，在生產之後的三十天至四十天內，別於一般期間的生活方式、飲食方式以及休養的方式，而坐月子包括了自然產、剖腹產及小產；小產又包括了自然流產、人工流產及死胎(胎死腹中)；一般自然生產須坐月子三十天，剖腹產因為有傷口、小產因為是臨時中止懷孕，內分泌跟荷爾蒙會極度失調，均須好好調養至四十天。

剖腹產也要坐月子

許多人會問：剖腹產的產婦因身體上有傷口，是否還能吃「麻油」及「廣和坐月子水」的料理？其實剖腹產是刀傷，對身體來說影響並不大，只要傷口沒有發炎化膿，並沒有什麼關係，況且飲食中所加的「廣和坐月子水」，均不含酒精成分，而麻油只要選擇慢火烘培的「莊老師胡麻油」，如此就沒有什麼大問題了。

至於剖腹產者在坐月子的方法、原則上與自然生產者大同小異，只不過略須加強罷了，一般自然生產者須坐月子滿三十天，而剖腹產者則須四十天，又因動手術前須做麻醉注射，因為麻醉針的注射會使身體細胞沉睡而難於復蘇，而麻醉藥的藥效亦會於體內遊走，致使產後產生許多副作用，例如：脹氣、便秘、食欲不振、失眠、掉髮等，故剖腹產者可喝「養肝湯」來調理化解。

小產更需要坐月子來調養身體機能

另外，「小產」無論是自然流產或是人工流產，均應完全比照坐月子的方法，好好休養至少四十天。

很多人認為小產根本不需要坐月子，殊不知自然產或剖腹產的孕婦乃屬於瓜熟落地，待胎兒成熟後自然分娩出，如此對母體的傷害將大大減少；然而小產者因胎兒尚未成熟即終止懷孕，就好像果實未成熟即自樹上被硬摘下來，這樣對樹體（母體）的傷害，將會非常嚴重。

所以小產後的婦女，內分泌及子宮機能將嚴重失調，此時若不知要好好坐月子將受傷的機能調整回來，不僅身體將會愈來愈差，更有可能造成腰酸背痛、皮膚粗糙、容易老化、乳房下垂、不易受孕、習慣性流產，嚴重者甚至有可能罹患子宮肌瘤、卵巢瘤、子宮內膜異位、乳房纖維囊腫、子宮癌或乳癌！

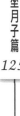

坐月子的重要性

坐月子是女性健康的一個轉戾點，可以說，只要懂得把握坐月子改變體質的好機會，採用正確的坐月子方法，就有機會讓女人越生越健康，越生越美麗。

相反的，如果不用正確的方法好好坐月子，就有可能生了一胎老了十歲，生了一胎就變成了歐巴桑的體型、歐巴桑的體力、骨質疏鬆、鈣質流失，花容失色，甚至會提早更年期！

何謂做好月子？

坐月子既然這麼重要，那什麼樣才叫「把月子給做好了呢」？其實女性在懷孕期間，子宮撐大，內臟都被胎兒壓迫變了型；一但生產，子宮成為真空狀態，內臟因不再受壓迫而產生鬆垮的狀態，此時內臟有拼命的要收縮回原來樣子的本能；若能夠在這個時候用正確坐月子的方法助內臟一臂之力，就有機會讓內臟迅速的恢復到原來的彈性、高度(也就是位置)、及功能，這樣就是體質改變；而因為體質改變了，就有可能將原來身體的症狀減輕甚至是消除，進而達到脫胎換骨的目的！而在外觀上首先就是要把撐大的肚子及增加的體重恢復到原狀，這樣月子就是做好了。

月子沒做好會如何？

坐月子期間因錯誤的飲食及生活方式，會破壞掉全身細胞及內臟收縮回來的本能，而造成內分泌、賀爾蒙嚴重失調以及「內臟下垂」的體型，而「內臟下垂」就是所有婦女病的根源。

產婦若於坐月子期間造成「內臟下垂」的體型，內臟運作即不活潑且易產

生脹氣，除了會壓迫神經產生腰酸背痛的症狀外，日積月累就會從身體最弱的器官開始產生症狀，如潰瘍、腫瘤、體力及記憶力減退、眼睛疲勞、黑斑、掉髮及皺紋等未老先衰的症狀。所以產婦若沒做好月子，即有可能生了一胎就老了十歲，生了一胎就變成歐巴桑的體型、歐巴桑的體力、骨質疏鬆、鈣質流失，花容失色，甚至會提早更年期！

月子做好會如何？

坐月子雖然不能直接治療任何症狀，也不能減肥，但的確有機會因方法用對，改善了體質，讓細胞及內臟重新生長，恢復活潑及彈性，症狀也隨之減輕或消除，而體質的改變，也有可能讓偏差的體型逐漸恢復成正常體型。

所以在實際的案例上，有相當多的人利用坐月子改變體質的大好良機，改善了過敏、氣喘、潰瘍、怕冷、黑斑、皺紋、掉髮、酸痛、便秘、易疲勞、肥胖或體重過輕等症狀。而原本體質就很好的產婦，在用正確的方法做完月子後，外觀就是將撐大的肚子消掉（但肚皮表層斷裂及鬆垮約需六個月的時間才會慢慢恢復），體力恢復回未懷孕之前原有的體力，沒有什麼太大的改變。

如何做好月子

做好月子的三大要領：

第一、坐月子的飲食方式要正確(60%)

特別提醒準媽媽，坐月子期間須嚴格遵守飲食第一大原則：即「滴水不沾」，所有料理的湯頭以及喝的水分均須以「米精露」或「廣和坐月子水」來烹調，而坐月子期間所有吃跟喝的食物內容與製作方法也跟一般期間的飲食完全不同，這個部分在『坐月子要項評分表』裏面，分數佔了六十分，是坐月子的三大要領中，最重要的一項。換句話說，即使妳花了很多的錢請人幫妳帶孩子，甚至到專業的坐月子中心去坐月子，然而只要在飲食方面沒有好好遵守的話，坐月子的效果仍然會非常不理想，由此可知坐月子期間飲食的重要性！

第二、坐月子的生活方式要正確（20%）

坐月子期間需要遵守正確的生活守則，比如說：坐月子期間不能洗頭，就請一定遵守三十天不洗頭，但要用正確的方法來清潔頭皮，否則容易堵塞頭皮毛細孔而產生不好的作用，又比如：坐月子期間的室溫須維持在二十五至二十八度之間，所以夏天坐月子，就必須要開空調，但卻要注意不可以吹到風！所以一定要想辦法將空調的風完全擋住，不可對著產婦吹，而且產婦須穿長褲、長袖、戴帽子、手套、圍巾，並且穿襪子來擋風！千萬不可道聽塗說，不去真正完全瞭解正確的坐月子生活守則，結果苦了自己，月子一樣做不好！

第三、產婦要有充分安靜的休養（20%）

產婦每天一定要安靜睡上八至十個小時，而一般會影響到產婦安靜休養的，就是剛出生的小貝比，所以要提醒準媽媽們，要在懷孕期間就先安排好產後坐月子三十至四十天，全職照顧小貝比的人手。

以上三點如果都能做到的話，不論妳在哪裡坐月子，都一定能將月子做的很好，相反的，如果其中有一項或二項無法做到，就算花了再多的錢，比如說到月子中心，或者是請了再多的人手來幫忙坐月子，一樣無法將月子做好！

坐月子要項評分表

坐月子期間飲食	60分
坐月子生活方式	20分
坐月子安靜休養	20分
合計	**100分**

在家做好月子的方法

一、選擇在家坐月子

每一個產婦，因為荷爾蒙改變的關係，精神上的疲勞都比較不容易恢復，情緒上也往往會為了一點小事就激動起來，尤其是面對到居住的環境突然改變，比如：剛生產時住院期間，或者特別為了要好好坐月子而住進月子中心？等，常常因為對周圍的環境陌生而產生不安全感，甚至容易導致產後憂鬱症的發生！所以，在產前就先安排好坐月子期間的居住環境，是相當重要的一環。

然而，不論是五星級豪華的飯店、或是提供吃、住及小貝比照顧的月子中心，都遠遠不如產婦家中來的理想，因為，只有自己最溫暖的家，才是產婦早已熟悉的居住環境，而得到家人的陪伴及照顧，才能讓產婦真正沉浸在喜悅中而安心坐月子。

所以，只要事先決定在家坐月子，並先佈置好坐月子的環境，如：設置空調，但要想辦法將風口擋住、準備音響及錄音帶或CD片，以便坐月子期間可以聽聽優美的音樂或新聞，另外，室內燈光、窗簾的佈置、以及坐月子期間產婦的衣物、清潔的用品、用膳的桌子、嬰兒的用品……等等，那麼，坐月子的時候，就可以安安心心地在家把月子做得更好了！

二、選擇「廣和」全套的專業坐月子系列：

方案一：

只要先跟「廣和」購齊整套的坐月子系列產品，包含：「廣和坐月子水」五箱、「莊老師胡麻油」三瓶、「莊老師仙杜康」六盒、「莊老師婦寶」四盒及「莊老師養要康」一盒，坐月子的時候，只要請家人按照本書「坐月子飲食篇」操作並使用「廣和坐月子水」及「莊老師胡麻油」製作餐點，產婦同時再配合服用「莊老師仙杜康」、「莊老師婦寶」及「莊老師養要康」，並全程綁「莊老師束腹帶」，就可讓坐月子飲食的六十分輕鬆到手。

方案二：

可以選擇源於台灣、享譽中、美，並且口碑廣佈的「廣和月子餐外送服務」，坐月子的時候只要負責吃跟喝「廣和」送來的專業餐點，還要負責不偷吃、不偷喝其他任何東西，這樣更可以輕輕鬆鬆的拿到坐月子飲食的六十分！

三、熟讀『坐月子的方法』一書：

於懷孕期間就熟讀『坐月子的方法』中的坐月子生活注意事項，有問題就打電話到廣和客服專線詢問（0800-666-620），坐月子期間產婦在家裡頭自行遵守坐月子生活守則，這樣又可以輕鬆將坐月子生活正確的二十分拿到手！

四、安排坐月子期間到府專職褓母：

至少於產前二個月就先決定好坐月子期間到家中全職照顧小貝比的人手，而最佳的人選為媽媽、婆婆、姊妹、鄰居或專業褓母，如果實在找不到人的話，不妨跟準爸爸來協商，只要準爸爸事先學習如何幫小貝比洗澡（因為產婦是不能幫小貝比洗澡的），於坐月子期間，白天可以母嬰同室，產婦練習側躺著餵母奶及側身來換尿布，晚上則預先把母奶擠出，小貝比與新手爸爸跟產婦分開房間來睡，這樣才能讓產婦有八到十個小時充分安靜的睡眠，而晚上就由新手爸爸來餵奶及換尿布，如果母奶不夠的話可以再補充奶粉。

只要按照以上的方法來做的話，相信每個人都能夠輕輕鬆鬆在家裡就把月子做的非常好！

坐月子生活篇

安靜休養三十至四十天

產後最重要的一件事即為「休息」，在這段期間內，產婦周圍的親戚，如娘家的母親與姊妹、夫家的親屬、當然還有丈夫等，都應同心協力的來照顧產婦，不讓她離開房間、不讓她起身做任何勞動、不分貧富、或者第幾次生產，甚至是小產，都一定要同樣的慎重！自然生產者須休養三十天，剖腹產、自然流產或人工流產者，更須延長休養的天數至四十天以上！

臥床二週

產後二週內為子宮收縮最快速的時候，此時因懷孕時子宮被胎兒撐得非常

大，一但生產，子宮成為真空狀態，內臟因不再受壓迫而變的非常鬆垮，若產後即常坐起或走動，因地心引力的關係，將造成鬆垮的子宮及內臟收縮不良，引起內臟下垂，而「內臟下垂」就可能是所有婦女病的根源，所以產後二週內，除了吃飯及上廁所之外，其餘時間，不論是白天或是晚上，均應臥床休息。

勤綁腹帶防止「內臟下垂」並「收縮腹部」

利用生產的機會來調整體型，或者改善身體上的一些症狀，是一個很重要的時機，所以很多人會在這段期間用紗布條綁腹，達到調整體型的目的！

坐月子期間必須特別注意防止「內臟下垂」，因內臟下垂可能為所有「婦女病」及「未老先衰」的根源，並會因此而產生小腹，故在坐月子期間須勤綁腹帶以收縮腹部並防止內臟下垂；而若原本即為內臟下垂體型者，亦可趁坐月子期間勤綁腹帶來改善。

所使用的腹帶為一條很長的白紗帶，長約九百五十公分，寬十四公分，每人須準備二條以便替換。因產後須熱補，容易流汗，若汗濕時應將腹帶拆開，並將腹部擦乾，再灑些不帶涼性的痱子粉後重新綁緊，若汗濕較嚴重時，則須更換乾淨的腹帶。又一般一片黏的束腹或束褲，不僅沒有防止內臟下垂的效果，反而有可能壓迫內臟令氣血不通暢，使內臟變形或產生脹氣而造成呼吸困難或下腹部突出的體型，請特別注意！

腹帶的綁法

一、尺寸：所使用的腹帶為透氣的白紗布，長約九百五十公分，寬十四公分。

二、用量：為產婦自己的功課，因為不穿衣褲（先綁好腹帶後再將內褲穿

上），平貼皮膚，容易汗濕，每人均需準備二條來替換。

三、功能：a防止內臟下垂(一般束腹不適用)。b收縮腹部，消肚子。

四、開始綁的時間：自然產--產後第二天；剖腹產--第六天(五天內用束腹)；小產--手術後第二天。

五、每日拆卸、重綁時間：三餐飯前須拆下、重新綁緊再吃飯；擦澡前拆下，擦澡後再綁上；產後二週二十四小時綁著，鬆了就重綁；第三週後可白天綁，晚上拆下。

六、清洗方式：用冷洗精清洗，再用清水過淨後晾乾即可，勿用洗衣機，因易皺。

七、腹帶的綁法及拆法：

A、仰臥、平躺，把雙膝豎起，腳底平放床上，膝蓋以上的大腿部分儘量與腹部成直角；臀部抬高，並於臀部下墊二個墊子。

B、兩手放在下腹部，手心向前，將內臟往「心臟」的方向按摩、抱高。

C、分二段式綁，從恥骨綁至肚臍，共綁十二圈，前七圈重疊纏繞，每繞一圈半要「斜折」一次（斜折即將腹帶的正面轉成反面，再繼續綁下去，斜折的部位為臀部兩側），後五圈每圈往上挪高二公分，螺旋狀的往上綁，最後蓋過肚臍後用安全別針固定並將帶頭塞入即可。

D、每次須綁足十二圈，若腹圍較大者須用三

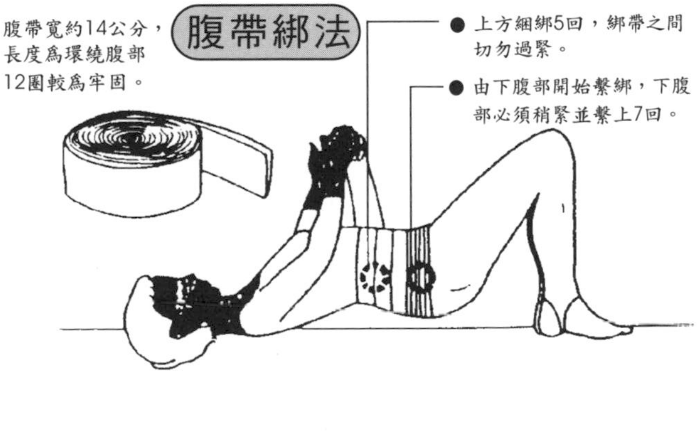
腹帶綁法
腹帶寬約14公分，長度爲環繞腹部12圈較爲牢固。
上方細綁5回，綁帶之間切勿過緊。
由下腹部開始繫綁，下腹部必須稍緊並繫上7回。

條腹帶接成二條來使用。

E、太瘦，髖骨突出，腹帶無法貼住肚皮者，須先墊上毛巾後再綁腹帶。

F、拆下時須一邊拆、一邊捲回實心圓統狀備用。

嚴禁洗頭，但需用正確的方法清潔頭皮

懷孕期間子宮增加的負擔是不可言喻的，單看之前與之後子宮的大小就知道，因此，在生產後要使子宮儘快恢復原狀。而要想子宮儘快的恢復功能，最重要的便是要將子宮內的污血完全排出，如果能使子宮成為真空狀態，則賀爾蒙的分泌將會特別活躍，子宮的功能亦會比懷孕前更好！

而洗頭，將會嚴重影響產後惡露的排除，只要頭皮一受涼，子宮裡的污血馬上會凝結成血塊不易排出，就算馬上吹乾也不允許，況且用吹風機來吹頭，

是很容易引起頭風及頭痛的。而子宮內的廢血若不清除乾淨，就很有可能會造成荷爾蒙不平衡以及內分泌不協調，進而產生許多併發的症狀，所以產後三十天須絕對遵守不要洗頭，以免後患無窮！

然而產婦的新陳代謝特別旺盛，所以必須用正確的方法來清潔頭皮，方法如下：

清潔頭皮法

將藥用酒精隔水溫熱，再以脫脂棉花沾濕，將頭髮分開，前後左右擦拭頭皮，稍用手按摩一下頭部後，再以梳子將髒物刷落，如此將會感到較清爽，此法可於飯前天天擦拭，或用軟梳梳理頭髮，好讓頭部氣血暢通，保持腦部清新。

二週內不可洗澡，但需用正確的方法擦澡

為了避免受涼，產後兩週內不可洗澡，但要用正確的方法擦澡，第三週起可淋浴，滿月後方可泡澡。

擦澡的方法

用燒開的水及「廣和坐月子水」各半，加入十西西的藥用酒精及十公克的鹽，摻和著成為擦澡水；用毛巾沾濕、扭乾，替產婦擦拭她的肚子及流汗的地方，早上、中午、晚上各一次，若冬天非常寒冷時，則一次就好。擦拭乾淨後還要抹上不帶涼性的痱子粉，肚子上如果綁上腹帶，腹帶也要適時的更換。

臉部的清潔與保養

洗臉及刷牙不需用藥用酒精及鹽巴，但需用溫熱的水，為預防頭風或頭痛，絕不能用冷水；另外，臉部的保養，可以使用適合自己的洗面乳及保養品。

局部的消毒

可以將茶水（即泡茶將茶葉濾掉的茶水）放入適量的鹽巴與藥用酒精混合使用，再用這樣的水來清洗陰部及肛門，有收斂的作用。

不可吹風，不論是熱風或冷風

產後全身的毛細孔，包括頭皮的毛細孔都是張開的，此時一吹到風，不論是熱風或冷風，毛細孔就會立刻收縮，很容易造成筋骨酸痛、頭痛、頭風，甚至感冒。

要有舒適的環境，室溫維持在攝氏25-28度

產婦要有舒適的環境，所以夏天太過炎熱、或者冬天太冷，均需開空調讓

室溫維持在攝氏25-28度之間，但卻要注意不可以吹到風！所以一定要想辦法將空調的風完全擋住，不可對著產婦吹，而且產婦須穿長褲、長袖、戴帽子、手套、圍巾，並且穿襪子來擋風！

不可碰冷水

產婦不可碰冷水，以防受涼或產生酸痛的現象，所以舉凡擦澡、洗臉、洗手、刷牙或產後第三週以後的沖澡，均需使用熱水。

不可抱小孩

產後最重要的工作無他，就是安心下來，盡情的吃和睡。此時全身的機能均在迅速的恢復中，所以當然不可提重物，更不可抱小孩，否則極易產生內臟下垂的體型。況且，新生的嬰兒，骨骼、內臟均尚未發育完全，最好還是儘量讓他睡覺，常抱他只會對他造成不良影響。

側躺餵奶

至於餵母奶時，也要側躺在床上，將嬰兒放於身側讓他吸奶，產婦可以斜靠，並在嬰兒及產婦的背面各放一個大枕頭支撐，但要注意不要堵住嬰兒的鼻子，以免窒息。

關於母奶

每一個女人於生產完後，一定都會分泌母奶，母奶的分泌應是很充足的，但若不給嬰兒吸食，就無法再分泌出來，即使嬰兒一次就全部吸光，母乳的供應仍是源源不絕，因為這是母體的本能。所以若不給嬰兒吃母奶，當然是很不好的。若是嬰兒的吃奶量很少，則應將每次剩下的母乳都充分擠掉，以刺激下

次乳房分泌足夠的乳量。

產婦若因故臨時不親自餵奶，也要把積存於乳房中的奶擠掉，母奶積存於乳房會使乳房產生硬塊或導致乳腺炎，最好在產後的六個月中都能充分的授乳，這是最順乎自然的育兒原則，不但能保護母親，而且可減少日後發生乳癌的機會。

如果奶水清淡或不足，不妨於產後第三週起補充花生豬腳；而為了要讓產後奶水快速分泌，可於產後第一時間施行「按電鈴」（刺激乳頭）的功課。

按電鈴（刺激乳頭）法

a 產後休息恢復後（剖腹產等麻藥退乾淨後）即開始每四個小時按一次電鈴（刺激乳頭），直至奶水沖出來為止。

b　刺激乳頭的方法有三種：

1　讓剛出生的嬰兒吸吮。

2　使用吸奶器。

3　請新手爸爸協助以便控制吸力。

c　注意：每次每邊乳房不要超過十五分鐘，但要固定每四小時刺激一次乳頭，不要間斷，直至奶水沖出來源源不絕為止。

不可替小孩洗澡

前面強調月子期間不可抱小孩，相同的道理當然更不可以彎著腰來替小寶貝洗澡，如果無法做到，那麼產後腰酸背痛及手腳酸麻的現象必定會隨之而來，所以最好在產前就安排好小嬰兒的照顧，或者跟先生商量，產後由先生來幫小貝比洗澡，如此還能增進親子之間的感情呢！

不提重物，不爬樓梯

產後半年內均不可提太重的物品，以避免內臟下垂而導致腰酸背痛，而於月子期間爬樓梯更應禁止。

不可流淚

女性的老化從眼睛的疲勞開始，所以產後眼部的保養是非常重要的。產婦嚴禁流淚，俗云：「產婦一滴淚比十兩黃金還貴重」，所以傷感的事，如親朋好友亡故等不幸的事情，絕不能讓產婦知道，不能讓她流淚，做丈夫的也應該在此時扛起所有的責任，讓產婦能安心靜養。

產婦如果哭泣的話，眼睛會提早老化，有時會演變為眼睛酸痛、青光眼或白內障的起因。當然，產婦本人也要儘量努力使自己心情開朗，不要擔心雜事，要常常微笑，保持心情愉快。

不可看電視及書報雜誌

產婦應儘量少看電視及書報，如果一定要看，則每十五分鐘須讓眼睛休息十分鐘。最好能多聽聽輕柔的音樂，一方面讓眼睛充分的休息，一方面可調整情緒，消除神經緊張。

眼部按摩法

眼睛容易疲勞的產婦，可於三餐飯前及睡前將毛巾沾上熱水（可稍熱些），擰乾後以毛巾熱敷於眼部數分鐘，再施行眼部按摩。

眼部按摩法

ａ　閉上眼睛，張開雙肘，將雙手中指從鼻樑由下往上推放在額中間的髮際。

ｂ　以拇指腹放在眉頭下凹處，用力壓、揉，但不能壓到眼珠。

ｃ　兩中指仍維持往下壓在髮際，拇指漸向兩側按壓，直到眼尾上方。

　　進行眼睛指壓以躺臥最為理想，如果不方便，也可以坐在椅子上進行，壓揉眼睛時須咬緊牙根，收縮下巴，頸後要用力。如果眼睛疲勞，壓起來會有痛覺，但仍要繼續指壓，直到不痛為止。

坐月子飲食篇

坐月子飲食要訣

一、滴水不沾，以「米精露」或「廣和坐月子水」全程料理所有餐點

產婦只要喝下一滴水，就容易變成大肚子的女人！意思是說：水和其他飲料（尤其是冷飲），會對坐月子期間產婦的新陳代謝產生不良的作用，因為產後全身細胞呈現鬆弛狀態，此時若喝下過多的水分，質量重的水分子進入體內，水分子會擴散，便會破壞了產婦細胞收縮的本能而造成了「水桶肚」、「水桶腰」，並易造成「內臟下垂」的體型，我們再三強調，坐月子是改變女性一生健康最大的機會，千萬不要在這段時間因錯誤的飲食方式把體質拖壞了，肥胖事小，未來也容易罹患腰酸背痛、手足冰冷、黑斑皺紋、元氣不足、

神經痛等各種未老先衰的婦女病，那就得不償失了！所以坐月子期間所有的料理，包含飲料、蔬菜、藥膳，甚至薏仁飯，均應以「米精露」（米酒的精華露）或「廣和坐月子水」做全程的料理。

「廣和坐月子水」是利用分餾萃取技術，有效萃取出米及中藥內含的精華成分，而且沒有溶劑殘留和產品受熱破壞等缺點，讓有效成分不易流失，保留原有的營養成分！其中更將米之精華液配合當歸、黃耆、川芎、芍藥、桂枝、刺五加、紅景天…等中藥的萃取精華液，能幫助產後吸收及代謝，不會破壞身體恢復的本能，避免產後因水分代謝不良所引起的後遺症，讓產婦及一般養生者容易恢復體力，來達到產後養生的目的，係比米酒更適合坐月子的料理藥引湯劑。

「廣和月子餐外送服務」自2000年起全面使用「廣和坐月子水」料理所有餐點，在台灣已榮獲數十萬產婦的使用與肯定，包括眾多知名主播、藝人及各界知名人士，例如：年代新聞主播張雅琴、廖筱君、TVBS主播蘇宗怡、王雅麗、張恆芝、詹怡宜；TVBS新聞中心副主任包傑生的夫人陳春菊；東森主播盧秀芳；SETN周慧婷、李天怡、敖國珠；民視姚怡萱、鄒淑霞；中天吳中純、周幼群；前民視主播羅貴玉；蔣孝嚴之女章惠蘭、市議員何淑萍，知名藝人林葉亭、賈永婕、余皓然、金智娟、王彩樺、童愛玲、邢靜媛、林佩君、李淑禎、蘇億菁、俞小凡；劉亮佐的夫人陳瑾、蘇炳憲的夫人趙世華、屈中恆的夫人童秀娟、林郁順(黑面)的夫人張文品、龍君兒的女兒郝質穎、侯昌明的夫人曾雅蘭；商業週刊發行人金惟純的夫人高小晴、成豐婦產科院長林永豐的夫人連鳳珠、黃平洋的夫人羅書華以及眾多金融界、教育界、律師、醫師…等使用「廣和坐月子水」來坐月子，都已獲得相當驚人的印證。『廣和』以不惜成本的時間和金錢來製作『廣和坐月子水』，始終以『服務心、關懷心』為宗旨，我們的用心，絕對讓您放心。

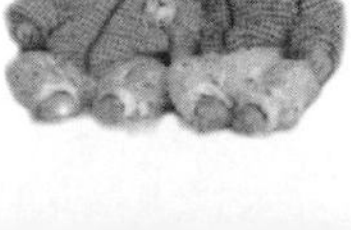

二、溫和的熱補

產前涼補，產後熱補，但要溫和的熱補。溫和的熱補有三大要領：

1 選用老薑爆透：

產婦所使用的薑須「爆透」（爆至薑的兩面均皺起來，但不可爆焦），否則會太刺激且具「發」的特性，產婦吃了易造成上火、咳嗽等症狀。

2 選用慢火烘焙100%純的黑麻油：

一般炒焦的芝麻所提煉出來的黑麻油，雖然很香，但是產婦吃了極易產生上火、躁熱……等現象，所以坐月子期間建議一律選擇由「廣和莊老師」所監製、慢火烘焙，且100%純的「莊老師胡麻油」。

3 使用無酒精成分的料理湯頭：

坐月子飲食第一大重點即需遵守「滴水不沾」的原則，所有的水分均應以由米酒所提煉出來的「米精露」作為產婦料理食物的湯頭，但米酒中所含的酒精，產婦食用後不僅會對身體造成傷害，所分泌出的乳汁，小貝比吸食後，也會影響腦部的發育。

「廣和坐月子水」是以生物科技的技術，提煉出米酒的精華並加入廣和獨家天然配方後再以陶瓷共振技術化為人體容易吸收的小分子水，完全不含酒精成分，是產婦最佳的坐月子料理高湯！

三、階段性的食補，嚴禁產後立刻大吃大喝

產後須按身體恢復的狀況來進補，第一週以排泄、排毒為主，第二週以收縮骨盆腔及子宮為主，第三週才開始真正進補，產後兩週內因身體內臟尚未收縮完全，疲勞亦未完全恢復，此時若吃下養分太高、太難消化的食物，身體是無法完全吸收這些養分的，過多的養分反而會造成「虛不受補」的現象（身體太虛弱，無法接受食物的養分），而虛不受補又分三種現象：

1 原本吸收力強、肥胖的媽媽，產後立刻進補就容易造成產後肥胖症。

2 原本瘦弱的媽媽，無法吸收食物的養分，易造成拉肚子，越拉越瘦。

3 過多的養分，產婦無法吸收，又無力代謝，就很有可能被體內賀爾蒙旺盛的不正常的細胞所吸而產生生異狀，如子宮肌瘤、卵巢瘤、乳房纖維瘤或腦下垂體瘤。

坐月子食譜一覽表 ※【】內為素食食譜

第一週：代謝排毒週

排除體內的廢血（惡露）、廢水、廢氣及老廢物

1 生化湯（坐月子湯）：每日一碗。

2 麻油炒豬肝【素豆包】（剖腹產及小產者，前三天改為藥膳豬肝粥【素豆包粥】二碗另加一碗敗毒湯）：每日二碗。

3 甜糯米粥：每日二碗。

4 紅豆湯：每日二碗。

5 烏仔魚或黃花魚【素燉品】：每日一碗。

6 坐月子飲料（沖泡婦寶或解渴用）：每日二碗，約六百西西。

7 養肝湯：每日一碗。

8 血母痛（子宮凝血、痛者喝）：每日一碗、連續三日。

9 生麥芽汁（退奶者用）：每日一碗，連續三日（餵母奶者不用）。

10 薏仁飯：每日二碗（若吃不下請不必勉強）。

11 【素藥膳】：素食者每日燉湯一碗。

12 莊老師仙杜康：每餐食用二包，一日六包。

13 莊老師婦寶：每餐飯後食用一包，一日三包。

第二週：收縮內臟週

收縮子宮、骨盆腔

1 生化湯（坐月子湯）：每日一碗。

2 麻油炒豬腰【素腰花】：每日二碗。

3 甜糯米粥：每日一碗。

4 紅豆湯：每日兩碗。

5 油飯【素油飯】：每日一碗。

6 烏仔魚或黃花魚【素燉品】：每日一碗。

7 坐月子飲料（沖泡婦寶或解渴用）：每日二碗，約六百西西。

8 養肝湯：每日一碗。

9 紅色蔬菜：紅蘿蔔、紅莧菜或紅菜：每日二碗。

10 藥膳：燉湯每日一碗。

11 薏仁飯：每日二碗（若吃不下請不必勉強）。

12 莊老師「養要康」：杜仲、白鶴靈芝…等濃縮錠，每日六錠。

13 莊老師仙杜康：每餐食用二包，一日六包。

14 莊老師婦寶：每餐飯後食用一包，一日三包。

第三週至滿月（小產及剖腹產者至四十天）：滋養進補週

補充營養、恢復體力

1 痲油雞【素烏骨雞】：每日二碗。
2 甜糯米粥：每日一碗。
3 紅豆湯：每日一碗。
4 油飯【素油飯】：每日一碗。
5 魚類【素燉品】：一般魚類均可（剖腹產可吃鱸魚）：每日一碗。
6 坐月子飲料：每日二碗，約六百西西。
7 蔬菜：高麗菜+紅蘿蔔或菠菜、地瓜葉、川七、紅菜、紅莧菜、A菜：每日二碗。
8 水果：可選擇不帶酸性、水分較少的水果，例如：哈密瓜、木瓜、葡萄、香瓜、蓮霧、荔枝、龍眼……：每日二小碗。

9 藥膳：燉湯每日一碗（無花生豬腳【素黃金鴨】者用）。

10 薏仁飯：每日二碗（若吃不下請不必勉強）。

11 花生豬腳【素黃金鴨】（無奶水或奶水不足者食用）：每日一碗，連續三日。

12 莊老師仙杜康：每餐食用二包，一日六包。

13 莊老師婦寶：每餐飯後食用一包，一日三包。

坐月子餐點製作要領

料理方式

1 一律全部使用「廣和坐月子水」料理餐點。

2 所使用的薑為老薑，且於料理時必須先爆透（爆至薑的兩面均皺起來，但不可爆焦）。

3 所使用的麻油為慢火烘焙100%純的「莊老師胡麻油」。

坐月子餐點製作法─第一週

生化湯（坐月子湯）

生化湯是產婦在新生兒一娩出時立刻要喝的「填腹」補品，不論是自然產、剖腹產或是小產，在產後的十四天中，每天都要飲用生化湯。

生化湯以養血、活血、化瘀為主，所以普遍用於婦女產後補血、祛惡露；不僅可以活血補虛，更可以提高抗體力量，對子宮亦有收縮的作用。

※生化湯屬於藥，吃得過多反而會對子宮造成傷害，所以於產後連續服用十四天即可。

材料（一日份）：

當歸（全）八錢、川芎六錢、桃仁（去心）五分、烤老薑五分、炙草（蜜甘草）五分。

作法：

一、「廣和坐月子水」七百西西，加入藥料，慢火加蓋煮一小時左右，約剩二百西西，這是第一次，藥汁倒出、備用。

二、第二次再加入「廣和坐月子水」三百五十西西，和第一次煮法相同，約剩一百西西。

三、將第一次和第二次的藥汁加在一起共三百西西拌勻。

吃法：

一日內至少分三次，於三餐飯前，每次一百西西喝完，亦可放在保溫壺內，當茶喝，一次一口，分數次喝完。

麻油炒豬肝

產後第一個禮拜要多吃能化血（將子宮裡的污血溶化）的食物，子宮成為真空狀態，運作自然活潑，生理機能、內分泌、賀爾蒙也就恢復協調；相反的，子宮內的污血如果不能完全溶化，就有可能產生二種情況：

第一種情況是：

血塊未完全溶化，在通過子宮頸口時產生阻力而造成疼痛（因子宮頸口非常的細小），而產婦會發現排出大量的血塊，這種情形稱之為「子宮凝血」。

第二種情況比較嚴重：

子宮內殘留大量的血塊無法排出，日積月累就容易變質而產生異狀細胞，如：子宮癌等病變，所以在產後的最初七天要吃足量的麻油炒豬肝，利用豬肝能化血的特性，加上「麻油」及「坐月子水」『活血』的助力，可以有效的將子宮內的污血溶化並排出體外。

※挑選豬肝時，可用手指按壓下去，感覺軟軟厚厚有彈性的即為好吃的粉肝，如果壓下去硬硬乾乾的即為柴肝。

材料（一日份）：

豬肝五百至七百公克、帶皮老薑四十公克、莊老師胡麻油八十西西、廣和坐月子水六百西西。

做法：

1 豬肝洗淨，切成一公分厚度。
2 老薑刷乾淨，連皮一起切成薄片。
3 將麻油倒入鍋內，用大火燒熱。
4 放入老薑，轉小火，爆香至薑片的兩面均皺起來，成褐色，但不焦黑。
5 轉大火，放入豬肝快炒至豬肝變色。
6 加入廣和坐月子水煮開，馬上將火關上，趁熱吃。

吃法：

分成二碗，於產後第一週當成每日早、午餐的主食，可搭配莊老師仙杜康或薏仁飯來吃，不敢吃太油膩的人，可將浮在湯上的油撈起置於別的容器內，密封後放進冰箱保存，於產婦做完月子後炒菜、炒飯用。

藥膳豬肝粥

剖腹產及小產的婦女，請用藥膳豬肝粥作為產後前三天的主食，除了可以補充產婦所需的養分外，亦有補氣、利水及傷口較不易發炎的作用。

材料（一日份）：

新鮮山藥四兩，薏仁十兩，伏苓四錢，蓮子肉一兩，白果十顆，芡實三錢，豬肝二百公克，廣和坐月子水五百西西。

做法：

1將藥材洗淨、瀝乾泡入廣和坐月子水八小時備用。

2山藥切丁備用。

3豬肝洗淨、切丁，川燙後備用。

4將1加2隔水蒸一小時後加入3拌勻即可食用。

吃法：

分成二碗，於產後前三天當成每日早、午餐的主食，可搭配莊老師仙杜康或薏仁飯來吃。

敗毒湯

剖腹產及小產的婦女，產後前三日每日一帖，可以預防傷口發炎、化膿。

材料（一日份）：

金銀花四錢，天花粉四錢，川芎二錢，延胡索一錢半，白芷二錢半，土伏

苓五錢，當歸二錢半，香附三錢，廣陳皮二錢半，生甘草一錢半，桔梗三錢，浙貝母四錢，廣和坐月子水九百西西。

做法：

1 廣和坐月子水六百西西，加入所有藥材，慢火加蓋煮一小時左右，約剩二百西西，這是第一次，將藥汁濾出備用。

2 煮過的藥渣，再加入三百西西的廣和坐月子水，和第一次煮法相同，約剩一百西西。

3 將第一次和第二次的藥汁加在一起共三百西西拌勻，一日內分二次喝完。

吃法：

於產後前三天，每日一帖，分二次喝完。

甜糯米粥

為了調整產婦腸子蠕動的功能，可於產後吃些以糯米調理的食物，因為糯米有「黏腸子」的功能，可以幫助產婦增加腸子的蠕動力，以提升下垂的腸胃或防止腸胃下垂，更有預防便秘的效果；若能再配合「莊老師仙杜康」一起食用，效果更佳。但是因糯米較難消化，一次不可吃太多，以免脹氣或消化不良！

材料（三日份）：

糯米一百五十公克、福圓肉一百公克、黑糖二百公克、廣和坐月子水二千西西。

做法：

1 將糯米與福圓肉放入廣和坐月子水中，加蓋泡八小時。

2 將已泡過的材料，以大火煮滾後改以小火加蓋煮一小時。
3 熄火，加入黑糖攪拌後即可食用。

吃法：

每日二碗，可當成每日早、午餐飯後的甜點。

紅豆湯

十個孕婦，約有八、九個到了懷孕末期都會產生水腫的現象，而產後就應將體內多餘的水份完全排出體外，否則水份殘留在體內，就會很快的轉化成脂肪（因為產婦的內臟非常的鬆垮、無力，多餘的水份很快就會滲透到內臟壁而代謝不出來，造成內臟膨脹，變大、變硬，就好像豬的腰子，在未灌水之前形狀是又軟又小，灌了水後馬上變成又大又硬）。而紅豆有強心利尿之效，為產婦必要吃的點心，但紅豆吃太多易產生脹氣，故每日以二碗為限。

材料（三日份）：

紅豆二百公克、黑糖一百五十公克、廣和坐月子水一千五百西西。

做法：

1 將紅豆放入廣和坐月子水中，加蓋泡八小時。

2 大火煮滾後轉中火繼續煮二十分鐘（須加蓋）。

3 熄火，加入黑糖攪拌後即可食用。

吃法：

每日二碗，可於早上十點及下午三點各吃一碗，甜度可隨個人的口未來增減，但若能接受的話，最好再稍甜一些較好。

魚湯

在飲食的調配上，可吃適量的魚類來補充養分，不過在產後二週內，因產

婦的消化、吸收功能尚未完全恢復，暫時只能選擇溫和且肉質比較鬆軟的魚類，到了產後第三週以後，才開始攝取一般溫和的魚類，而剖腹產的人，也可以在產後第十五天開始補充鱸魚來補傷口。

材料（一日份）：

魚適量，約一百二十公克、帶皮老薑十五公克、莊老師胡麻油六十西西、廣和坐月子水五百西西。

做法：

1 將魚洗淨，老薑刷乾淨，連皮一起切成薄片。

2 麻油倒入鍋內，用大火燒熱。

3 放入老薑，轉小火，爆香至薑片的兩面均皺起來，成褐色，但不焦黑。

4 轉大火，加入魚及廣和坐月子水煮開，轉小火，加蓋，再煮五分鐘後熄火，即可食。

吃法：

每日一碗，當成晚餐的主食，可搭配「莊老師仙杜康」或薏仁飯來吃，不敢吃太油膩的人，可將浮在湯上的油撈起置於別的容器內，密封後放進冰箱保存，於產婦做完月子後炒菜、炒飯用。

坐月子飲料

水和其他飲料（尤其是冷飲）會對新陳代謝產生不良作用，尤其產後全身細胞呈現鬆弛的狀態，質量重的水分子進入體內，可能會使細胞無法復原而造成內臟下垂的體型。

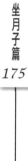

我們再三強調，坐月子是改變女性一生健康最大的機會，千萬不要在這段時間因錯誤的飲食方式把體質拖壞了，肥胖事小，未來也容易罹患腰酸背痛、手足冰冷、黑斑皺紋、元氣不足、神經痛等各種未老先衰得婦女病，那就得不償失了！因此，產後須嚴格遵守「滴水不沾」的飲食原則，甚至是產婦解渴用的坐月子飲料，都應全部使用「廣和坐月子水」加入適量的山楂肉、荔枝殼或觀音串（可至中藥房購買）製作。

材料（十日份）：

山楂肉、荔枝殼或觀音串六百公克、黑砂糖適量、廣和坐月子水六千西西。

做法：

1 將山楂肉、荔枝殼或觀音串加入廣和坐月子水中。

2大火，加蓋，滾後轉小火煮一小時。
3將湯濾出，改以不加蓋的鍋子，大火繼續滾至五千西西。
4放入黑砂糖攪拌均勻，冷卻後放入容器內冷藏。
吃法：
要喝時須加熱，一日量約為五百西西，少量多次，可用來沖泡婦寶或讓產婦解渴，其中材料山楂肉、荔枝殼、觀音串，可混和或單一選用，而山楂肉不僅有健胃、助消化、止煩渴的作用，並有化血及減重的效果，最適合產後婦女飲用。

養肝湯

為了要解除剖腹產麻醉針可能帶來的副作用，例如：脹氣、掉頭髮、失眠、記憶力減退、便秘…等症狀，應於產前一週，產後二週連續喝養肝湯來預

防，有些人會臨時剖腹生產，為避免此一情況，不論自然產或是剖腹產者，均於預產期前一週即飲用養肝湯，如此便萬無一失了，而且自然產的人也可以喝養肝湯來保護肝臟、幫助肝臟解毒，並讓產後體力迅速恢復，唯產前一週用熱開水來蒸，產後須改以「廣和坐月子水」來製作。

材料（一日份）：

紅棗七顆、熱開水（產後改為滾熱的廣和坐月子水）二百八十西西。

做法：

1 紅棗洗淨，以刀劃出七條縱紋。

2 放在容器中，將熱開水（廣和坐月子水）沖下，加蓋泡八小時（夏天應放入冰箱保存）。

3 用蒸器蒸之。

4 等沸騰後再用文火蒸一小時。

5 將紅棗挑起，只取湯。

吃法：

一日量為二百八十西西，可分數次，當茶喝（產後須喝溫熱的）。

血母痛液

產後若有子宮凝血且肚子會痛的人，可服用血母痛液來改善。

材料（三日份）：

山楂肉六百公克、黑糖適量、廣和坐月子水一千西西。

做法：

1 將山楂肉與廣和坐月子水以大火煮開後，加蓋，改以小火燉二小時。

2 將湯濾出，改以不加蓋的鍋子，大火繼續滾至六百西西。

3 加入黑糖攪拌後熄火即可。

吃法：

一日量為二百西西，分數次，每次一小口，連續喝三日，可使凝血溶化。

生麥芽汁

如果實在無法餵母奶，就須服用生麥芽汁來退奶。

材料（三日份）：

生麥芽三百公克、黑糖適量、廣和坐月子水一千西西。

做法：

1 將生麥芽與廣和坐月子水以大火煮開後，加蓋，改以小火煮一小時。

2將湯濾出，改以不加蓋的鍋子，大火繼續滾至六百西西。

3加入黑糖攪拌後熄火即可。

吃法：

一日量為二百西西，分二次，於早、晚飯後各喝一百西西，連續喝三日。

薏仁飯

若吃不飽，可用薏仁加白米以廣和坐月子水煮成薏仁飯來吃，每日約二碗，若吃不下可不吃。

坐月子餐點製作法—第二週

麻油炒豬腰

產後第八至十四天，要吃麻油豬腰，把豬腰用麻油、老薑及廣和坐月子水煮好給產婦吃，有助於產婦的新陳代謝以及促進收縮骨盆腔與收縮子宮之作用。

材料（一日份）：

豬腰子一副（即二個豬腰）、帶皮老薑四十公克、莊老師胡麻油八十西西、廣和坐月子水六百西西。

做法：

1 豬腰子洗淨後切開成兩半，把裡面的白色尿腺剔出。

2 將清理乾淨的豬腰子在表面斜切數條裂紋後，切成三公分寬的小片。

3 老薑刷乾淨，連皮一起切成薄片。
4 將麻油倒入鍋內，用大火燒。
5 放入老薑，轉小火，爆香至薑片的兩面均皺起來，成褐色，但不焦黑。
6 轉大火，放入豬腰片快炒至變色。
7 加入廣和坐月子水煮開，馬上將火關上，趁熱吃。

吃法：

分成二碗，於產後第二週當成每日早、午餐的主食，可搭配「莊老師仙杜康」或薏仁飯來吃，不敢吃太油膩的人，可將浮在湯上的油撈起置於別的容器內，密封後放進冰箱保存，於產婦做完月子後炒菜、炒飯用。

油飯

關於用糯米調理的食物，第二週起可吃些油飯。油飯能防止產婦內臟下垂，豬肉、香菇、蝦米的美味會滲入糯米，是相當好吃的炒飯，但糯米較難消化，一次不可吃太多，以免脹氣或消化不良；建議每日份量控制約在一至二碗之內。

材料（五日份）：

糯米三百公克、去柄香菇三十公克、紅蘿蔔三十公克、大蒜三十公克、五花肉一百六十公克、蝦米三十公克、帶皮老薑適量、莊老師胡麻油適量、廣和坐月子水一千西西。

做法：

1 糯米洗過後，置於濾水盆，濾乾水分。

2 將洗過的糯米加入冷的廣和坐月子水中泡八小時後瀝乾，泡過的水要另外置於容器內留下備用，不能倒掉，廣和坐月子水須蓋過糯米。

3 將去柄的香菇和蝦米泡進2中留下的泡水裡，泡軟後香菇切成粗絲。

4 帶皮老薑與五花肉及紅蘿蔔均切成粗絲。

5 鍋子加熱後放入四大匙莊老師胡麻油，將帶皮的老薑絲和大蒜片下鍋炒成淺褐色具香味。

6 加入蝦米、香菇、五花肉及紅蘿蔔，炒至香味出來即取出。

7 鍋內重新加熱，放入三大匙莊老師胡麻油使熱，糯米下鍋炒至有黏性時，再加入6中的材料一起炒。

8 將炒好的材料裝入蒸鍋內，並加入泡過蝦米及香菇的廣和坐月子水，份量須蓋過所有材料。

9放入蒸籠（或電鍋）內，蒸熟即可食用。

吃法：

油飯每日吃一至二碗，可當成下午的點心。

蔬菜

第二週起，每日可吃些少量的蔬菜，但須選擇較溫和的蔬菜，並儘量以紅色的蔬菜為主，例如：紅蘿蔔或紅菜，到了第三週則一般溫和的蔬菜均可選擇。

做法：

將蔬菜洗淨，用適量的莊老師胡麻油及老薑快炒，再加些廣和坐月子水使之沸騰後煮爛即可食，每日的份量約為二小盤。

藥膳

產婦皆為氣、血兩虛，到了產後第二週，應該適時的請專業的中醫師調配補血、補氣、補筋骨的中藥，再用廣和坐月子水熬煮成中藥膳服用，但要注意，最好能夠依個人體質調配，並且不可使用藥性過強的藥膳，以免造成「虛不受補」的現象而產生反效用。

坐月子餐點製作法—第三、四週

麻油雞

經過第一週的「排泄」及第二週的「收縮」後，第三週起可開始吃培養產後體力最佳的調養品—「麻油雞」。麻油雞所用的材料，在生理學方面被證實對產後的身體有良好的作用，因此在產後月內一定要吃，若是時間及經濟上許可，可以吃到產後六個月，如此對促進母奶的排出和母體的健康以及嬰兒身體

的健康（嬰兒經由吸允母乳而獲健康），都很有裨益。

材料（一日份）：

雞肉約半隻、帶皮老薑五十公克、莊老師胡麻油一百西西、廣和坐月子水八百西西。

做法：

1 雞肉洗淨，切成塊狀。

2 老薑刷乾淨，連皮一起切成薄片。

3 將麻油倒入鍋內，用大火燒熱。

4 放入老薑，轉小火，爆香至薑片的兩面均皺起來，成褐色，但不焦黑。

5 轉大火，將切塊的雞肉放入鍋中炒，直到雞肉約七分熟。

6將已備好的「廣和坐月子水」由鍋的四周往中間淋，全部倒入後，蓋鍋煮，滾後即轉為小火，再煮上十五至二十分鐘即可。

吃法：

分成二碗，於產後第三週當成每日早、午餐的主食，可搭配「莊老師仙杜康」或薏仁飯來吃，不敢吃太油膩的人，可將浮在湯上的油撈起置於別的容器內，密封後放進冰箱保存，於產婦做完月子後炒菜、炒飯用。

花生豬腳

到了產後第三週，如果奶水不足或是奶水比較清淡的人，可以適量的食用花生豬腳來補充奶源。

材料（三日份）：

花生（未調味的、自己煮、去膜去芽）一百二十公克、蝦（無調味、新鮮

帶殼的蝦）一百二十公克、豬腳約五百公克、帶皮老薑適量、去柄香菇十五公克、莊老師胡麻油八十西西、廣和坐月子水一千五百西西。

做法：

1 香菇要泡在十倍量的坐月子水中泡軟、切絲待用。

2 花生放入水中滾開，稍涼趁熱將膜去掉剝成兩半，取掉胚芽。

3 麻油加熱後，放入老薑爆透。

4 將豬腳放入鍋內炒至外皮變色為止。

5 放入花生炒一會兒，再把豬腳和老薑放進，最後加香菇、蝦及坐月子水。

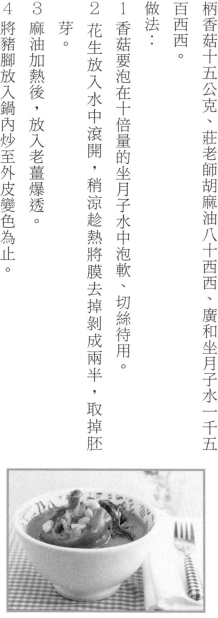

6 加蓋燒滾後，裝入燉鍋慢燉八約小時。

吃法：

可於吃飯時當做菜吃，但儘量於早、中餐時吃，可連續吃三天，若奶源仍不充足，則再補充三天，直至奶源充足為止。

每階段食譜及功效

第一週：排除體內的廢血（惡露），廢水、廢氣及老廢物

1 麻油豬肝：破血，將子宮內的血塊打散以利排出。

2 烏仔魚或黃花魚：肉質鬆軟，易吸收，烏仔魚並有破血之效。

3 生化湯（坐月子湯）：活血化瘀，排除惡露，收縮子宮。

4 養肝湯（神奇茶）：幫助肝臟解毒，剖腹產者可解麻藥的毒性。

5 紅豆湯：強心利尿，讓體內的廢水從正常管道（排尿）排出；紅豆吃多易脹氣，故每日須控制在二碗以內。
6 糯米粥：糯米帶有黏性，能適度的刺激腸子，助其恢復蠕動力並能防止內臟下垂，但糯米不易消化，故每日須控制在二碗以內。
7 飲料：解渴、沖泡婦寶用。
8 莊老師仙杜康：促進新陳代謝，幫助維持消化道機能，使排便順暢。
9 莊老師婦寶：含豐富的鈣、鐵質，是女性生理期、坐月子、流產、更年期以及閉經後用以調整體質、增強體力，滋補強身的天然營養補充好選擇。
10 血母痛：子宮凝血，有大量血塊，會痛者化血用，一般產婦不用。
11 生麥芽汁：退奶者用。
12 四神粥（藥膳粥）：剖腹產及小產者，前三天補氣用。

13 敗毒湯：剖腹產及小產者，前三天消炎，預防傷口發炎化膿用。

第二週：收縮子宮、骨盆腔

1 麻油豬腰：收縮子宮、骨盆腔。

2 油飯：同糯米粥。

3 紅色蔬菜：防止便秘及補血。

4 藥膳：補血、補氣、補筋骨，須分體質進補且不可太強（須稀釋）。

5 莊老師養要康：防止腰酸、腰痛。

6 薏仁飯：澱粉質少又可利水。

第三週至滿月：補充營養、恢復體力

1 麻油雞：補充蛋白質，肉質較易消化，利於產婦消化吸收。

2 黑色、紅色的魚類：補充養分、剖腹產者可吃鱸魚補傷口。

3 蔬菜：提供纖維質、促進消化。

4 水果：中和燥熱的體質，幫助消化，防止便秘。

5 花生豬腳：促進乳汁分泌，無奶水或奶水不足者食。

素食者主食配料

1 香菇：促進代謝、防癌。

2 蓮子：整腸、排毒。

3 紅棗：幫助肝臟解毒。

4 枸杞：明目、清肝。

5 山藥：補充蛋白質。

廣和月子餐食用法(A、B餐)一覽表

日期 時間	第一週 1~7天	第二週 8~14天	第三週~第四週 15~30 或 40天
早上空腹	坐月子湯(生化湯)一碗分早中晚飯前各喝1/3(約100cc)		飯前仙杜康2包(自購產品)
	飯前仙杜康2包(自購產品)	飯前仙杜康2包(自購產品)	
早餐	**【主力補品】**：一碗(肝或素藥膳燉品) **【精緻點心】**：一碗（糯米粥或廣和甜品) **【元氣主食】**：各式飯類一碗 **【發奶補品】**：發奶藥膳一碗(有需要通知才出，分2~3次飲用) **【活力素菜】**：一碗，只提供在素食餐點	**【主力補品】**：一碗**(**腰或素藥膳燉品**)** **【新鮮食蔬】**：一碗 **【油飯(素油飯)】**：一碗 **【元氣主食】**：各式飯類一碗 **【發奶補品】**：發奶藥膳一碗(有需要通知才出，分2~3次飲用) **【養要康】**：飯後2粒 **【活力素菜】**：一碗，只提供在素食餐點	**【主力補品】**：一碗(雞湯或素膳燉品） **【新鮮食蔬】**：一碗 **【元氣主食】**：各式飯類一碗 **【發奶補品】**：一碗（花生豬腳青木瓜燉排骨或素黃金 (有需要通知才出) **【水果適量】** **【活力素菜】**：一碗，只提供在素食餐點
	餐後婦寶1包(自購產品)	餐後婦寶1包(自購產品)	餐後婦寶1包(自購產品)
早上點心	**【精緻點心】**：一碗（紅豆湯或廣和甜品)	**【精緻點心】**：一碗（紅豆湯或廣和甜品)	**【精緻點心】**：一碗（紅豆湯或廣和甜品)
中午空腹	坐月子湯(生化湯)一碗分早中晚飯前各喝1/3(約100cc)		飯前仙杜康2包(自購產品)
	飯前仙杜康2包(自購產品)	飯前仙杜康2包(自購產品)	
中餐	**【主力補品】**：一碗(肝或素藥膳燉品) **【元氣主食】**：各式飯類一碗 **【活力素菜】**：一碗，只提供在素食餐點	**【主力補品】**：一碗(腰或素藥膳燉品) **【新鮮食蔬】**：一碗 **【元氣主食】**：各式飯類一碗 **【養要康】**：飯後2粒 **【活力素菜】**：一碗，只提供在素食餐點	**【主力補品】**：一碗(雞湯或素膳燉品） **【新鮮食蔬】**：一碗 **【元氣主食】**：各式飯類一碗 **【水果適量】** **【活力素菜】**：一碗，只提供在素食餐點
	餐後婦寶1包(自購產品)	餐後婦寶1包(自購產品)	餐後婦寶1包(自購產品)
下午點心	**【精緻點心】**：一碗（糯米粥或廣和甜品)	**【精緻點心】**：一碗（糯米粥或廣和甜品)	**【精緻點心】**：一碗（糯米粥或廣和甜品)
晚上空腹	坐月子湯(生化湯)一碗分早中晚飯前各喝1/3(約100cc)		飯前仙杜康2包(自購產品)
	飯前仙杜康2包(自購產品)	飯前仙杜康2包(自購產品)	
晚餐	**【養生燉品】**：一碗（魚湯或素燉品) **【敗 毒 湯】**：剖腹、小產前三天一碗 **【活力素菜】**：一碗，只提供在素食餐點	**【養生燉品】**：一碗（魚湯或素燉品) **【藥膳湯】**：一碗，只提供 在葷食餐點 **【養要康】**：飯後2粒 **【活力素菜】**：一碗，只提供在素食餐點	**【養生燉品】**：一碗（魚湯、排、豬心、豬肚或素燉 **【藥膳湯】**：一碗，只提供 在葷食餐點 **【油飯(素油飯)】**：一碗 **【活力素菜】**：一碗，只提供在素食餐點
	餐後婦寶1包(自購產品)	餐後婦寶1包(自購產品)	餐後婦寶1包(自購產品)
晚餐點心	**【精緻點心】**：一碗（紅豆湯或廣和甜品)	**【精緻點心】**：一碗（紅豆湯或廣和甜品)	
飲品	**【養 肝 湯】**：一日內分次喝完，每次一小口含入口中，與口內溫度相同再吞下。 **【草本飲品】**：解渴用。飲料於一日分次喝完，每次一小口含入口中，與口內溫度相同再吞下，(室溫或溫熱喝均可)，**坐月子期間須代謝多餘水份，飲料建議以適量為宜**(口渴當水喝，亦可配藥等)。 **【敗 毒 湯】**：剖腹生產、小產、子宮手術者，術後前三天服用，預防傷口發炎、生膿。		

附錄

內臟下垂體型體質改善法

一、日常生活

1 綁「腹帶」（將內臟「托」回原位、並「保溫」腹部）。
2 力行「飯前按摩」（參考防癌宇宙操VCD）。
3 用「三段式入浴法」洗澡。
4 注意「足部」保暖。
5 每天做「宇宙操」（參考防癌宇宙操VCD）

二、飲食生活

1 宜採取「少量多次」的方式來「進食」、「飲水」。

2 「忌食」酸性、生冷、寒性、及「水份多」的食物；「多攝取」刺激性的、脂肪多的魚、肉類和甜的東西。

3 「水份」須嚴格控制：

A 一日攝取水的份量─體重每一公斤一日只能攝取十五西西的水份。（注意：此份量包括喝湯、飲料、果汁、炒菜的湯汁、以及吃水果時所攝取的水份在內）

B 每一次喝水的份量─每次喝水，以一百西西為限。

C 喝水的方式及時間─應以小口、小口的方式慢慢的喝，且每次攝取水份，須間隔四十分鐘以上。

三、莊老師「仙杜康」及「仕女寶」體質改善法

1 仙杜康：以仙杜康當做主食或當飯吃，每日食用三至六包至少連續食用三個月，並配合做生活上的改善，以期能夠完全的改善的體質。

2 利用「仙杜康」施行「消除便秘方」來改善因「腸子無力」而引起的便秘。

3 每月生理期開始的第一天連續服用「仕女寶」五日，並以正確的生活方式來渡過生理日，以期有效的來調節內分泌及賀爾蒙。

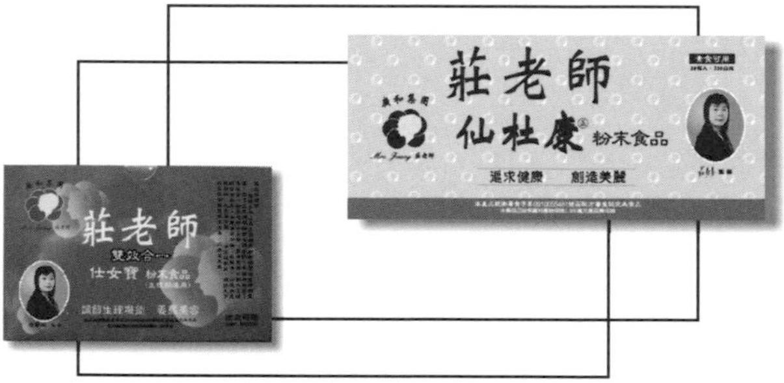

四、應避免事項

1 不提重物。

2 禁止「暴飲暴食」。

3 避免「長時間站立」。

4 不吃宵夜。

5 不站著吃東西或喝水。

鼻子過敏、扁桃炎、氣喘等上呼吸器官弱者之對策

A、飲食改善

1 嚴禁飲用「陰陽水」。

2 不可「吃飽睡」。

3 要均衡飲食不可偏食。

方法：將各種蔬菜、魚類、肉類、蛋類切碎，混於米飯中，做成「菜飯」，但蔬菜要是其他食物的二倍；正餐以外禁止零食。

4 要「單味飲食」，甜、鹹不要混合吃，避免吃醬油滷的食物。

5 不吃竹筍、金針等食物。

6 烤焦的食物（如烤麵包、烤魚、烤肉）、辛辣刺激類、含防腐劑（如肉鬆、香腸、漢堡）的食物均不可吃。

B、生活及運動改善法

1 做宇宙操：一定要去戶外，接受大自然給我們的無限力量，走路要按正確的方法：抬頭挺胸，縮小腹，大腿內側用力，走一直線，手貼臀部，用力向後擺振，自然往前（前三後四），每天早晨利用三〇~四〇分鐘，至戶外散步，可赤腳踩草地，樹根，並做宇宙操（可參考VCD）。

2 合掌法：每日早晨一醒來，尚未活動前，須先做合掌法。

3 肩胛骨按摩：每晚睡前須做肩胛骨按摩，徹底將肩胛骨兩側、脊椎骨兩側以及腋下淋巴腺的疲勞消除後，才可睡覺。

4 米酒浸足：可於睡前用米酒、薑汁浸足，將全身氣血打通，並將疲勞消除除（第一個月請連續做十天，第二個月以後，每個月連續泡五天，請持續一年）。

C、保健食品的吃法

1「莊老師喜寶」用以強化上呼吸器官抵抗力。（一日量）每日3粒，於三餐飯前各服一粒。

2「仙杜康」用以調整腸胃，幫助消化。（一日量）每日食用六至九包的仙杜康，分三次於飯前直接服用。

廣和月子餐外送服務

『廣和月子餐外送服務』是將產婦一天所需要的飲食內容，包括主食、點心、蔬菜、水果、飲料、以及藥膳，全部按莊淑旂博士獨創、有效的坐月子理論，並以專業的方式，全程使用「廣和坐月子水」調理好餐點，每天由專人配送到產婦家中、醫院或坐月子中心，一天一次，全年無休，讓產婦輕輕鬆鬆就能正確的做好月子。

一、方法：

完全依照莊淑旂博士的理論調配專業

套餐，一日五餐，不論您在醫院、坐月子中心或家中，每天配送一次，全年無休。

二、價格：

一日2300元（含運費、材料費及工本費，但不含仙杜康及婦寶），一次訂滿卅天（自然產者）優惠價62000元（省7000元！），一次訂滿四十天者（剖腹產及小產）優惠價82000元（省10000元！）。

廣和集團簡介

『廣和集團』源於享譽中、日的防癌之母莊淑旂博士。集團旗下包括：廣和坐月子生技股份有限公司、廣和惠如有限公司、廣和駿杰有限公司、廣和堂國際食品有限公司等企業，經營宗旨是增進全民健康。

莊淑旂博士是日本美智子皇后的家庭醫師顧問，也是台灣第一個拿到中醫執照的女醫師，她更是日本慶應大學西醫的醫學博士。莊博士在日本服務了40年後，於1990年回台服務，並推廣全民健康自我管理及防癌宇宙操四十多年，她的防癌宇宙操、養胎及坐月子的方法、醫食同源的飲食理論，一直被廣為流傳。

莊博士不僅自己全心投入健康事業，莊博士的外孫女章惠如老師與孫女婿賴駿杰，也都潛心在不同的健康事業領域中。

章惠如老師是莊博士的外孫女，長期協助外婆推廣全民健康自我保健的概

念。章惠如老師生下雙胞胎並親身體驗了莊淑旂博士獨特有效的養胎與坐月子的方法，得到了驚人的效果，同時也積累了寶貴的親身體會的經驗。由於章老師的體質得到了很大程度的改善，告別了產後肥胖症，因此將整套完整的獨門料理，首創推出「廣和坐月子料理外送服務」，多年來得到了台灣各界人士的熱烈好評。

1993年，莊淑旂博士首先於『廣和出版社』（後改由青峰出版社）出版的『坐月子的方法』一書中，提出以米酒來坐月子，滴水不沾的理論。

1995年，廣和出版社出版『坐月子的指南』（後改名為『從懷孕到坐月子』），書中根據莊淑旂博士外孫女章惠如老師的親身經驗，首度提出將三瓶米酒濃縮提煉成一瓶『米酒水』的方法，專供女性坐月子期間使用。迄今，已經造福了無數的產婦。

1996年，『廣和月子餐宅配服務』正式於台灣展開服務；2000年為了提升坐月的整體效果，『廣和』推出精心研發的『廣和坐月子水』，這項產品是由米酒精華露加上廣和獨家天然配方之後，以分餾萃取技術化為人體容易吸收的小分子，專供孕產婦在坐月子期間使用的『坐月子料理湯劑』。

2003年，『廣和』成功的進入北美洲市場，除了在美國洛杉磯順利完成美洲廣和健康管理機構開設與推廣作業外，也積極於華人密集的南加州地區舉辦各項推廣活動，獲得熱烈迴響。

2005年，『廣和』榮獲ISO9001國際品保認証。

2007年9月起，廣和注資成立北、中、南企業大樓，完善的央廚設備及行政管理大樓，已經成為業界的矚目焦點。

2011年，廣和榮獲ISO22000及HACCP國際品保認証，此項榮耀更大大提升了廣和服務品質的保証

『廣和專業月子餐』全程使用『廣和坐月子水』，配合傳承自莊淑旂博士

的坐月子飲食理論，已經讓無數婦女及各界知名女性，包括多位新聞主播、政要代表以及知名主持人、藝人…等都能在產後短期內順利復出，服務品質值得信賴！而廣和莊老師系列口碑見證良好的保健產品，更成為了現代婦女養身保健、恢復體型、滋潤皮膚的重要指標！

今後，廣和將繼續不斷努力，期許藉由熱忱的推廣與服務，讓全球的婦女都能健康、青春又美麗！

廣和專業服務團隊

廣和中央廚房烹煮區

廣和中央廚房包裝區

廣和集團北區企業總部

廣和集團中區分部

廣和集團南區分部

廣和坐月子水

產婦只要喝下一滴水，就容易變成大肚子的女人！意思是說：水和其他飲料（尤其是冷飲），會對坐月子期間產婦的新陳代謝產生不良的作用，因為產後全身細胞呈現鬆弛狀態，此時若喝下過多的水分，質量重的水分子進入體內，水分子會擴散，便會破壞了產婦細胞收縮的本能而造成了「水桶肚」、「水桶腰」，並易造成「內臟下垂」的體型，所以坐月子期間所有的料理，包含飲料、蔬菜、藥膳，甚至薏仁飯，均應以「廣和坐月子水」做全程的料理。

「廣和坐月子水」是以台灣最優質的蓬萊米釀造，釀造過程中全程播放胎教音樂，釀成優質的米酒之後利用生物科技的高科技技術，將米酒濃縮萃取並提煉出米酒的精華露，再經過「分餾萃取」技術將「米酒精華露」的大分子團分解成很細微的小分子，可幫助人體細胞吸收及代謝，不會破壞細胞收縮的本能，更不會對內臟造成負擔！其中更加入了廣和獨家天然的中藥成分，能促進

新陳代謝及調整體質。

眾多名人的使用 廣大消費者的肯定

『廣和月子餐外送服務』自2000年起全面使用『廣和坐月子水』料理所有餐點，在台灣已榮獲數十萬產婦的使用與肯定，包括眾多知名主播、藝人及各界知名人士，例如：年代新聞主播張雅琴、廖筱君、TVBS主播蘇宗怡、王雅麗、張恆芝、詹怡宜；TVBS新聞中心副主任包傑生的夫人陳春菊；東森主播盧秀芳；SETN周慧婷、李天怡、敖國珠；民視姚怡萱、鄒淑霞；中天吳中純、周幼群；前民視主播羅貴玉；蔣孝嚴之女章惠蘭、市議員何淑萍，知名藝人林葉亭、賈永婕、余皓然、金智娟、王彩樺、童愛玲、邢靜媛、林佩君、李淑禎、蘇億菁、俞小凡；劉亮佐的夫人陳瑾、蘇炳憲的夫人趙世華、屈中恆的夫人童秀娟、林郁順(黑面)的夫人張文品、龍君兒的女兒郝質穎、侯昌明的夫人曾雅蘭；商業週刊發行人金惟純的夫人高小晴、成豐婦產科院長林永豐的夫人連鳳珠、黃平洋的夫人羅書華以及眾多金融界、教育界、律師、醫師…等使用「廣和坐月子水」來坐月子，都已獲得相當驚人的印證。『廣和』以不惜成本的時間和金錢來製作『廣和坐月子水』，始終以『服務心、關懷心』為宗旨，我們的用心，絕對讓您放心。

生理期聖品—莊老師仕女寶

「莊老師仕女寶」是專為生理期的婦女設計雙效合一的天然養生保健食品，內含婦寶十五包及養要康十五包，為生理期五日量，為了方便上班族的女性使用，特別將內包裝設計為長條狀以方便攜帶及服用，可以調節生理機能及養顏美容，是生理期女性必備的天然養生食品。

A【莊老師婦寶】：以特殊栽培、細心管理的薏苡種實為主要原料，配合高品質的珍珠粉、米胚芽萃取物（谷維素：r-Oryzanol）、大豆萃取物（大豆異黃酮：Isoflavone）、小麥胚芽粉末（維生素E）以及蛋殼萃取物、特級山楂、精選山藥、薑…等精心製

造的天然食品，並特別添加琉璃苣油粉末（Borage），一般人適用，尤其推薦有生理痛、生理不順的婦女，於生理期間服用。

B【莊老師養要康】：以杜仲為主要原料，配合高品質的白鶴靈芝、天然甲殼素、鯊魚軟骨粉末⋯等精心製造的天然食品，一般人適用，尤其推薦生理期的婦女與常感腰酸者使用。

孕婦養胎聖品—莊老師喜寶

『莊老師喜寶』是廣和集團經過多年潛心研製，並得到眾多消費者認可的孕婦理想保胎食品。內含冬蟲夏草(菌絲體)、珍珠粉、果寡糖、孢子型乳酸菌等多種成分；無論是懷孕或是產後，這段期間的婦女除了需要充分的休息來補充精神，更需要考慮胎（嬰）兒來自母親的養分所須。『莊老師喜寶』的多種成分含有豐富的鈣質及蛋白質，特別適合孕婦以及胎兒對鈣質的吸收，對於更年期的婦女朋友，『莊老師喜寶』也能提供所須的營養補給。

附註：

1『莊老師喜寶』於婦女懷孕期間每日三粒，飯前各服一粒。產婦及更年期婦女每日早晚各服兩粒。

2『莊老師喜寶』採膠囊包裝，為純天然的食品，每盒九十粒，對膠囊不適者可拔除膠囊服用，婦女於懷孕期間須連續服用十盒，以補充媽媽、寶寶流失與不足的鈣質及養分。

嬰幼兒聖品—莊老師幼儿寶

「莊老師幼儿寶」是專為嬰、幼兒設計的天然養生保健食品，內含珍貴的冬蟲夏草、珍珠粉並輔之以乳鐵蛋白、孢子型乳酸菌、牛奶鈣、綜合酵素及果寡糖等多種營養成分，經過科學配製，精心製造而成的天然食品。能幫助幼童促進新陳代謝、維持消化道機能，使養分充分吸收，並能補充天然鈣質，幫助牙齒及骨骼正常發育，是嬰、幼兒必備的天然養生食品。

附註：

適用對象：四個月以上的嬰兒—十二歲以下的幼童。

食用方法：一歲以下的嬰兒，每日一包；滿週歲以上的幼童，每日二包，於早、晚飯前服用。

產品規格：每盒六十包、每包五公克，粉末狀，添加天然的草莓口味，為純

天然的食品。

產品價格：每盒2,500元。

阡阡的話

我是大章老師章惠如的寶貝女兒『阡阡』，民國八十六年出生的時候，體重3850公克，是個健康寶寶，後來爸B、媽咪把時間都放在照顧坐月子的阿姨身上，於是我開始變的不喜歡吃東西，而且抵抗力變的好差，只要天氣一變化，就會感冒，讓爸B跟媽咪又擔心、又心疼。

還好，我最親愛的爸爸、媽媽特地為我調製了『莊老師幼儿寶』，是我最喜歡的草莓口味，我超愛吃的！每天早、晚吃飯前都會先吃一包；現在，我已經恢復了『健康寶寶』的模樣，而且有好多、好多的叔叔跟阿姨都誇讚我臉色變的好紅潤、皮膚也變的好漂亮！

更讓爸B跟媽咪高興的是：我不會感冒了！健保卡不再蓋的密密麻麻，自從換了IC健保卡後，我也從來沒有使用過呦！我想，我一定要把這個好消息趕快告訴我的同學跟好朋友，我希望每個小朋友都能跟我一樣健康、快樂！

坐月子聖品—莊老師仙杜康

『莊老師仙杜康』是以新鮮糙薏仁為主要原料，配合珍貴的冬蟲夏草(菌絲體、孢子型乳酸菌、蔬果纖維和甘草、山楂等多種營養成分，經過科學配製，精心製造的天然食品。能促進新陳代謝、減輕疲勞和養顏美容，一般人適用，尤其推薦產後婦女坐月子食用。婦女產後內臟鬆垮且往下墜，坐月子期間內臟有回復原位的本能，服用『莊老師仙杜康』來幫助維持消化道機能，使排便順暢，並且以正確的坐月子方法調養，讓您對回復產前身材更有信心！

附註：

1 『莊老師仙杜康』是產婦專用的養生食品，男女老幼也適用，但孕婦及準備在一個月內懷孕的婦女禁用。

2 『莊老師仙杜康』每盒二十八包，自然生產三十天須服用六盒，剖腹生產及小產四十天須服用八盒。

坐月子聖品—莊老師婦寶

『莊老師婦寶』是以特殊栽培、細心管理的薏苡種實為主要原料，配合以高品質的珍珠粉、特級山楂、乾薑以及精選的山藥、米胚芽萃取物（谷維素）、大豆萃取物（大豆異黃酮）、小麥胚芽粉末（維生素E）和蛋殼萃取物等精心製造的天然食品。產婦在坐月子期間，因賀爾蒙失調，容易造成形神憔悴、皮膚粗造、皺紋、黑斑等症狀；『莊老師婦寶』的天然成分中含有豐富的鈣、鐵質，是女性生理期、坐月子、流產、更年期以及閉經後用以增強體力、滋補強身的營養補充好選擇。

附註：

1 『莊老師婦寶』具有破血性，孕婦、胃出血、十二指腸出血、重感冒、發高燒時請勿服用。

2 『莊老師婦寶』每盒二十一包（七日份），自然生產三十天須服用四盒，剖腹生產及小產四十天須服用六盒。

坐月子聖品──莊老師養要康

『莊老師養要康』為高科技濃縮錠，系由杜仲濃縮萃取再加上白鶴靈芝、天然甲殼素、鯊魚軟骨萃取粉末等天然材料所製成，不但適合坐月子及生理期使用，亦可用於平日之身體保健之用。

附註：

1 『莊老師養要康』坐月子、生理期及常感腰酸者均適用。

2 『莊老師養要康』每盒四罐，每罐四十二錠，坐月子、生理期或一般保養者，每日六錠，於三餐飯後各服二錠，連續服用一──三盒。

DIY——坐月子藥膳補帖

一份專為坐月子的產婦所調配的階段性調理藥膳包

坐月子是女性調整體質的大好良機！搭配廣和月子藥膳補帖來調理滋補，不僅方便、經濟，還能協助您達到產後補養的目的！是女性，尤其是坐月子及生理期滋補養顏的最佳幫手！

30天只要

NT$7,500

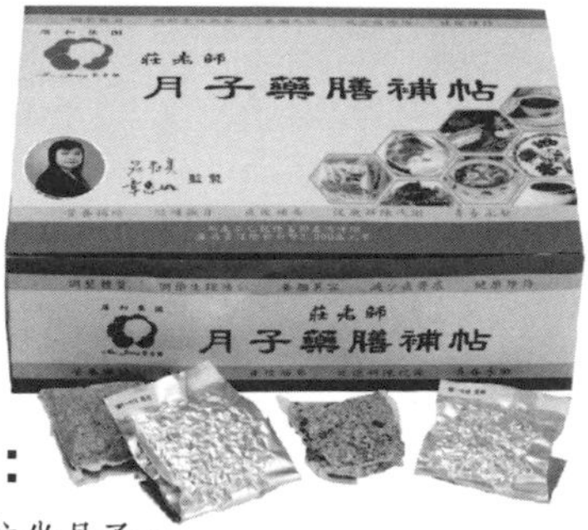

階段調理目的：

第一階段（6帖）
調節生理機能、促進新陳代謝。
第二階段（8帖）
調整體質、減少疲勞感。
第三階段（8帖）
增強體力、滋補強身。
第四階段（8帖）
營養補給、養顏美容。

適用對象：

1. 家中有人幫忙坐月子，想要專業藥膳調理者
2. 剖腹產想多做30天月子，以調養耗損的體質者
3. 小產無法在家做好月子者
4. 生理期調養
5. 已坐完月子還想利用產後半年調理身體者

食用方法：

每日食用一帖，每帖使用1000c.c.的「廣和坐月子水」及半斤～一斤的食材（如：雞、肉、魚、內臟...等共同燉煮約15-20分鐘，一日內分2～3次食用。

廣和仕女餐外送服務─生理期專業套餐

◎ 服務方法與價格

一、方法：

完全依照廣和莊老師的方式並按「廣和仕女餐食譜」內容料理，於生理期間每天配送一次，連續五日，早上九點前送達，全年無休。

二、價格：

原價8,000元（餐費1,200元/日；莊老師仕女寶2,000元/盒），仕女五日餐優惠價6,600元（含運費、材料費、工本費及莊老師仕女寶一盒），一次訂購六期（30天）特惠價36,000元（再省3,600元！），本訂價全省統一不二價。

◎ 料理方式

1 全程使用『廣和小月子水』料理。
2 麻油使用慢火烘焙的「莊老師胡麻油」。
3 一律使用老薑爆透（爆至兩面均皺，但不可爆焦）料理。

◎廣和仕女餐食譜　＊（）內為素食食譜

第一～二天：排除體內的廢血、廢水、廢氣及老廢物

1 生化湯：一碗
2 麻油炒豬肝（素豆包）：二碗
3 油飯（素油飯）：二碗
4 紅豆湯：一碗
5 魚湯（素燉品）：一碗

6 莊老師仕女寶-婦　寶（生理期專用）：每餐飯後食用一包，一日三包

7 莊老師仕女寶-養要康（生理期專用）：每餐飯後食用一包，一日三包

第三-四天：收縮子宮、骨盆腔

1 麻油炒豬腰（素腰花）：二碗

2 甜糯米粥：一碗

3 油飯（素油飯）：一碗

4 魚湯（素燉品）：一碗

5 藥膳（湯）：一碗

6 莊老師仕女寶-婦　寶（生理期專用）：每餐飯後食用一包，一日三包

7 莊老師仕女寶-養要康（生理期專用）：每餐飯後食用一包，一日三包

第五天：補充營養、恢復體力

1 麻油雞（素烏骨雞）：二碗

2 甜糯米粥：一碗

3 油飯（素油飯）：一碗

4 魚湯（素燉品）：一碗

5 藥膳（湯）：一碗

6 莊老師仕女寶-婦寶（生理期專用）：每餐飯後食用一包，一日三包

7 莊老師仕女寶-養要康（生理期專用）：每餐飯後食用一包，一日三包

葷食☐素食(請✓選)

養胎及坐月子的健康諮詢表

產期：＿＿＿＿＿　目前懷孕週數＿＿＿＿＿　填表日：＿＿月＿＿日

姓名		年齡		懷孕前體重		學歷	
		身高		目前體重		職業	
電話		地址					

女性生產記錄：共生＿＿胎，自然或剖腹生＿＿，是否餵母奶＿＿，自然流產＿＿次

人工流產＿＿次，懷孕前生理狀況：☐順　☐不順　☐生理痛，週期＿＿天

其他生理狀況：

血壓：高血壓＿＿低血壓＿＿，尿蛋白指數：☐偏高　☐正常，水腫：☐有　☐無

妊娠糖尿病：☐有　☐無，胎兒發育週數：☐正常　☐過大　☐過小，貧血：☐有　☐無

睡眠狀況：＿＿＿＿＿＿食慾：＿＿＿＿排泄狀況：＿＿＿＿＿有否常感冒：＿＿＿＿

過去病歷史：

現在最擔心的症狀：

希望坐月子能達到的效果：

※您將會選用廣和的料理外送餐點嗎？　☐是　☐否　☐考慮

請將資料填妥後寄回或傳真回，將會由廣和章老師提供您養胎或坐月子的免費諮詢服務

特約諮詢

TEL:0800-666-620　FAX:02-2858-3769

廣和章老師

□葷食□素食

妊娠 每週進餐飲食記錄表

請您詳細填寫進餐內容，譬如，何時用餐，用什麼油，吃幾碗飯，吃什麼菜，喝什麼飲料．．等

餐別 / 星期	早　餐	午　餐	晚　餐	宵　夜
一	用餐時間： 食物內容：	用餐時間： 食物內容：	用餐時間： 食物內容：	用餐時間： 食物內容：
二	用餐時間： 食物內容：	用餐時間： 食物內容：	用餐時間： 食物內容：	用餐時間： 食物內容：
三	用餐時間： 食物內容：	用餐時間： 食物內容：	用餐時間： 食物內容：	用餐時間： 食物內容：
四	用餐時間： 食物內容：	用餐時間： 食物內容：	用餐時間： 食物內容：	用餐時間： 食物內容：
五	用餐時間： 食物內容：	用餐時間： 食物內容：	用餐時間： 食物內容：	用餐時間： 食物內容：
六	用餐時間： 食物內容：	用餐時間： 食物內容：	用餐時間： 食物內容：	用餐時間： 食物內容：
日	用餐時間： 食物內容：	用餐時間： 食物內容：	用餐時間： 食物內容：	用餐時間： 食物內容：

☆請您一併回答下列問題

1、請問您喜食 ——→ □ 冷食　□ 熱食

2、請問您喜歡的烹調方式(可複選) ——→ □ 煎　□煮　□炒　□炸　□蒸
□其他(請列舉) ____________

3、請問您較喜歡的飲料(可複選) ——→ □開水　□果汁　□茶　□酒　□咖啡
□礦泉水　□蒸餾水　□汽水　□可樂
□其他(請列舉) ____________

☆請填妥後寄回，我們將免費提供養胎及坐月子諮詢

乃の寶 茶飲

15包入 重225公克 **全素可食**

適用對象：產後保養者適用

產品價格：1200元 / 盒

生 化 飲

15包入 重225公克 **全素可食**

適用對象：產後坐月子及生理期適用

產品價格：1200元 / 盒

神奇茶 複方

15包入 重225公克　　　　全素可食

適用對象： 產前、產後、 術前、術後及一般保養者適用

產品價格： 1200元 / 盒

大風草漢方浴包

10包入重150公克

「坐月子」、「生理期」，擦拭頭皮、擦澡及泡腳專用！

莊老師幼儿ㄦ寶

莊老師幼儿ㄦ寶」是專為嬰、幼兒設計的天然養生保健食品，內含珍貴的冬蟲夏草、珍珠粉並輔之以乳鐵蛋白、孢子型乳酸菌、牛奶鈣、綜合酵素以及果寡糖等多種營養成分，經過科學配製，精心製造而成的天然食品。能幫助幼童促進新陳代謝、維持消化道機能，使養分充分吸收，並能補充天然鈣質，幫助牙齒及骨骼正常發育，是嬰、幼兒必備的天然養生食品。

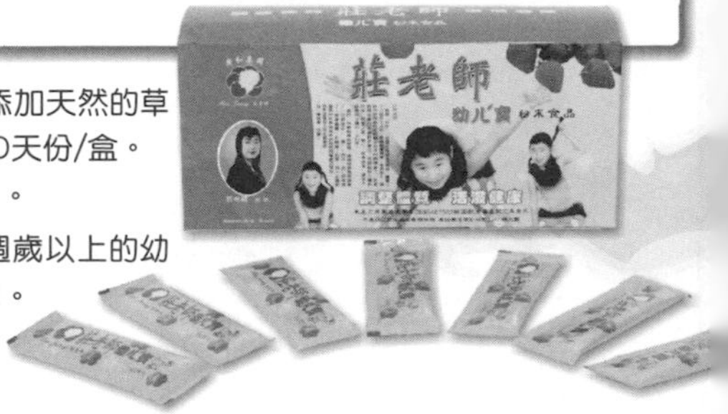

產品規格：5公克/包；60包/盒，粉末狀，添加天然的草莓口味，為純天然的食品，30-60天份/盒。

適用對象：四個月以上的嬰兒~12歲以下幼童。

食用方法：1歲以下的嬰兒，每日一包；滿週歲以上的幼童，每日二包，於早、晚飯前服用。

產品售價：2,500元/盒（1~2個月份）

阡阡的話

我是**大章老師章惠如的寶貝女兒『阡阡』**，民國86年出生的時候，體重3850公克，是個健康寶寶，後來爸B、媽咪把時間都放在照顧坐月子的阿姨身上，於是我開始變的**不喜歡吃東西**，而且抵抗力變的好差，**只要天氣一變化，就會感冒**，讓爸B跟媽咪又擔心、又心疼。

還好，我最親愛的爸爸、媽媽特地為我調製了『**莊老師幼**ㄦ**寶**』，是我最喜歡的草莓口味，我超愛吃的！每天早、晚吃飯前都會先吃一包，現在，我已經恢復了『健康寶寶』的模樣，而且有好多、好多的叔叔跟阿姨都誇讚我臉色變的好紅潤、皮膚也變的好漂亮，更讓爸B跟媽咪高興的是：**我不會感冒了**！健保卡不再蓋的密密麻麻，自從換了IC健保卡後，我也從來沒有使用過呦！我想，我一定要把這個好消息趕快告訴我的同學跟好朋友，我希望每個小朋友都能跟我一樣健康、快樂！

幼儿ㄦ寶組合方案：

幼儿ㄦ寶 4盒 ＋ 喜 寶 1盒 ~~原價：12,100元~~ **特價：8,400元**

DIY 坐月子藥膳補帖

一份專為坐月子的產婦所調配的階段性調理藥膳包

30天只要 NT$7,500

坐月子是女性調整體質的大好良機！搭配廣和月子藥膳補帖來調理滋補，不僅方便、經濟，還能協助您達到產後補養的目的！是女性，尤其是坐月子及生理期滋補養顏的最佳幫手！

階段調理目的：

第一階段（6帖）
調節生理機能、促進新陳代謝。

第二階段（8帖）
調整體質、減少疲勞感。

第三階段（8帖）
增強體力、滋補強身。

第四階段（8帖）
營養補給、養顏美容。

適用對象：

1. 家中有人幫忙坐月子，想要專業藥膳調理者
2. 剖腹產想多做30天月子，以調養耗損的體質者
3. 小產無法在家做好月子者
4. 生理期調養
5. 已坐完月子還想利用產後半年調理身體者

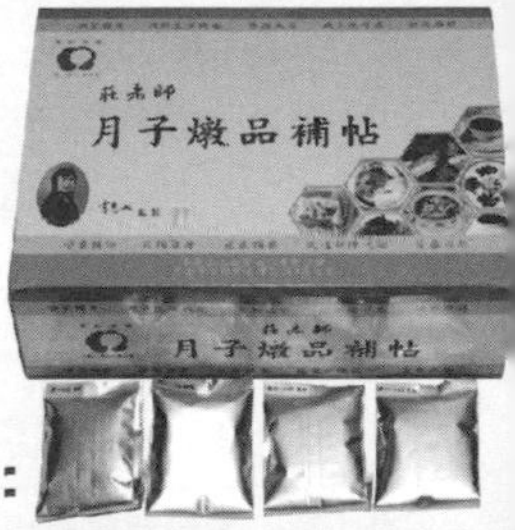

食用方法：

每日食用一帖，每帖使用1000c.c.的「廣和坐月水」及半斤～一斤的食材（如：雞、肉、魚、內...等共同燉煮約15-20分鐘，一日內分2～3次食

廣和莊老師孕、產婦系列產品

廣和月子餐系列	訂餐單日	一日五餐，主食、藥膳、點心、飲料、蔬菜、水果，一應俱全	2,300元/日
	月子餐30日	如上述（省7,000元）	62,000元/30日
	月子餐30日 +產品組合	30日餐費加莊老師仙杜康6盒，莊老師婦寶4盒(優惠價)	77,000元/30日
	仕女餐5日 +仕女寶1盒	生理期餐5日加仕女寶1盒	6,600元/5日
坐月子、保健系列產品	廣和坐月子水	比米酒更適合產婦的坐月子小分子料理高湯，以『米酒精華露』搭配『獨家天然配方』特製而成	4,560元/箱 （1,500cc x 12瓶/箱） (6日份)
	莊老師胡麻油	慢火烘焙，100%純的黑麻油，莊老師監製，坐月子、生理期適用	2,300元/箱 （2,000cc x 3瓶） (一個月量)
	大風草漢方浴包	「坐月子」、「生理期」，擦拭頭皮、擦澡及泡腳專用!	1,200元/盒 （10日量,10包/盒）
	莊老師喜寶	孕婦懷孕期養胎及更年期、授乳期所需天然鈣質等豐富營養補充之最佳聖品	2,100元/盒 （90粒/盒） (一個月量)
	莊老師仙杜康	1.促進新陳代謝 2.產後或病後之補養 3.調整體質 4.幫助維持消化道機能，使排便順暢	1,500元/盒 （28包/盒） （約5日量）
	莊老師婦寶	1.調節生理機能 2.養顏美容、青春永駐 3.婦女(1)初潮期 (2)生理期 (3)更年期以及坐月子期之最佳調理用品	2,100元/盒 （21包/盒） （7日量）
	莊老師養要康	高科技提煉杜仲濃縮錠，莊老師監製	2,400元/盒 （42錠×4罐/盒） (28日量)
	莊老師仕女寶	「莊老師仕女寶」是專爲生理期的婦女設計的天然養生保健食品，內含婦寶II15包及養要康II15包，爲生理期 5日量	2,000元/盒 （30包/盒） （5日量）
	莊老師 幼儿ノ寶	專爲4個月以上~12歲以下的嬰、幼兒設計的天然養生保健食品	2,500元/盒 （60包/盒） (1~2個月量)
	DIY坐月子藥膳補帖	一份專爲坐月子的產婦所調配的階段性調理藥膳包	7,500元/箱 （30天用量）
	莊老師 乃の寶	茶飲 產後哺乳者適用 15包入 重225公克 全素可食	1,200元/盒 （15日量,15包/盒）
	莊老師 生化飲	產後坐月子及生理期適用 15包入 重225公克 全素可食	1,200元/盒 （15日量,15包/盒）
	莊老師 神奇茶	產前、產後一般保養者適用 15包入 重225公克 全素可食	1,200元/盒 （15日量,15包/盒）
	元氣大補帖	養氣美人、十全綜合、童顏還烏、元氣大補、活力元氣等燉湯包各3包	2,680元/盒 （15包/盒）
	廣和藥膳帖	男人湯、女人湯、呈龍湯、呈鳳湯...等藥膳帖，每盒15包	2,500元/盒 （15包/盒）
	莊老師束腹帶	生理期、產後之身材保養及"內臟下垂"體型之改善不可或缺的必備用品	1,400元（2條入） 950x14cm
	廣和優良叢書	請參考本書P.227"廣和孕、產婦係系列及健康系列叢書"介紹	

廣和坐月子養生機構

台灣、美國廣和月子餐指定使用
總公司地址：台北市北投區立功街122號
網址：http：//www.cowa-mother-care.com.tw

◎ 歡迎使用信用卡消費 ◎

全省客服專線：0800-666-620 傳眞：02-2858-3769

✪ 銀行電匯：玉山銀行(天母分行)
帳號：0163440860629
戶名：廣和坐月子生技股份有限公司
※電匯必須來電告知以便處理
※請附上掛號費80元以便迅速寄貨！

廣和健康書十四

坐月子的方法

— 產婦生活手守則及坐月子食譜

著作指導：莊淑旂
專業顧問：婦產科權威 鄭福山 醫師
著作人：章惠如
發行人：章惠如
業務部：賴駿杰、章秉凱
出版：廣和坐月子生技股份有限公司
銀行電匯：玉山銀行天母分行 帳號：0163440860629
戶名：廣和坐月子生技股份有限公司
(電匯必須來電告知以便處理，請附上掛號費80元以便迅速寄貨！)
登記證：新聞局臺業字第四八七二號
地址：台北市北投區立功街122號
電話：0800-666-620
傳真：(02)2858-3769
印刷：達英印刷事業有限公司
總經銷：紅螞蟻圖書有限公司
地址：台北市內湖區舊宗路2段121巷28之32號4樓
電話：(02)2795-3656
傳真：(02)2795-4100
出版日期：2014年7月第五刷
ISBN：957-8807-32-5
定價：新台幣220元

國家圖書館出版品預行編目資料

坐月子的方法：產婦生活守則及坐月子食譜/
章惠如 著 . --修訂一版. -- 臺北市
：廣和, 2005【民94】
面；　公分 . -- (廣和健康叢書；14)
ISBN 957-8807-32-5 (平裝)
1. 婦女 - 醫療、衛生方面　2. 食譜

429.13　　94013262